协同推进生态高水平保护和经济高质量发展

——第六届青海改革论坛暨全省党校系统智库联盟论坛

青海改革发展研究院

2023 年 11 月

图书在版编目（CIP）数据

协同推进生态高水平保护和经济高质量发展 / 青海
改革发展研究院编 . -- 西宁 ：青海人民出版社，2024.
12. -- ISBN 978-7-225-06805-3

Ⅰ. X321.244-53；F127.44-53

中国国家版本馆 CIP 数据核字第 2024VS2102 号

协同推进生态高水平保护和经济高质量发展

青海改革发展研究院　编

出 版 人　樊原成

出版发行　青海人民出版社有限责任公司

　　　　　西宁市五四西路 71 号　邮政编码:810023　电话:(0971)6143426(总编室)

发行热线　（0971）6143516/6137730

网　　址　http://www.qhrmcbs.com

印　　刷　青海新华民族印务有限公司

经　　销　新华书店

开　　本　720mm×1020mm　1/16

印　　张　8.5

字　　数　100 千

版　　次　2024年12月第 1 版　2024年12月第 1 次印刷

书　　号　ISBN　978-7-225-06805-3

定　　价　46.00 元

序　言

2023年11月24日，由中共青海省委党校、青海省委改革办共同举办的第六届青海改革论坛暨全省党校系统智库联盟论坛在西宁召开，来自中央党校（国家行政学院）、国家发展改革委、北京大学、学习时报社等30多家高校、科研院所、党校的专家学者与相关职能部门一线工作者200多人参加了本次论坛。与会专家学者以"协同推进生态高水平保护和经济高质量发展"为主题，紧紧围绕高水平保护与高质量发展的辩证关系、"两山"转化的理论与实践、高质量创建国家公园和推进经济高质量发展等议题，展开了广泛深入的探讨。本次论坛深化了对习近平生态文明思想的认识，分享交流了生态文明建设的经验，是一次思想的汇集和智慧的碰撞，专家学者及一线工作者的真知灼见纷呈，为推动青海乃至全国的生态文明建设兼具理论与实践意义。现将专家学者的观点与创新，摘要综述如下。

一、协同推进高水平保护与高质量发展

与会专家一致认为，践行习近平生态文明思想，站在人与自然和谐共生的高度谋划发展，在保护生态环境中保护自然价值和增值自然资本，保护经济发展潜力和后劲，推动"绿水青山"和"金山银山"之间持续双向转化，是以中国式现代化全面推进中华民族伟大复兴的全新选择。

（一）关于"两高"的基础理论。与会专家认为，习近平总书记在今年的全国生态环境保护大会上系统阐述了推进生态文明建设需要正确处理的五个重大关系，其中居于首位的就是高水平保护与高质量发展的关系，从理论上厘清二者之间的关系，事关经济社会发展大局。有专家指出，高水平保护和高质量发展是辩证统一的，生态保护不是不要发展，加快发展不是大干快上，保护好生态环境，促进经济高质量发展，是新发展阶段贯彻新发展理念，形成新发展格局的必然要求。有专家认为，高水平保护本身就是高质量发展的应有之义，实现高水平保护意味着经济社会发展的全面绿色转型，不断塑造发展的新动能、新优势，持续增强发展的潜力和后劲，必须以高水平保护来推动高质量发展。有专家提出，高质量发展需要高水平保护作为支撑，高水平保护也需要高质量发展来实现，既要"绿水青山"，又要"金山银山"，以经济发展促进高水平保护，以生态文明建设为经济发展把好关、守住底线，二者相辅相成，相得益彰。有专家提出，实现生态高水平保护和经济高质量发展协同推进的目标，要坚持以习近平生态文明思想为指引，用改革的思维、改革的办法践行"两山"理论，探索和创新生态产品价值实现路径，向清洁、有机、绿色可持续、高质量、现代化方向努力，实现人与自然和谐共生。

（二）关于"两高"的关系。与会专家认为，处理好高水平保护和高质量发展之间的关系是世界性难题，要努力找到高质量发展和高水平保护之间的平衡点，实现生态保护与绿色发展共赢，让人民共享生态保护和经济发展的红利。有专家认为，要以生态补偿为抓手，以生态保护为根本、绿色发展为路径，以互利共赢为目标，以建立和完善跨省流域生态补偿机制为保障，统筹推进生态产业化和产业生态化，不断推进生态文明建设迈上新台阶，经济建设开创新境界。有专家认为，生态保护转化为高质量发展最有效的途径，是建立生态产品价值实现机制，因此，要完善生态产品价值实现的顶层设计，将生态产品实现机制进规划、进项目、进决策、进考核，把生态产品价值实现作为高水平保护和高质量发展的关键抓手，促进生态优势转化为经济优势。有专家指出，"两高"相互促进的出发点与落脚点是全民共享生态保护和经济发展的红利，要坚持处理好以经济建设为中心和以人民为中心的关系、政府与市场的关系、公有制经济和非公有制经济的关系，充分调动民营经济、资本市场和领导干部的积极性，同步推进高水平保护和高质量发展，着力扩大中等收入群体的规模和比重，在全面推进中国式现代化建设中不断提高人民生活品质。还有专家从生物多样性的视角，论述了高水平保护和高质量发展的关系，提出应将生物多样性及其多重价值观纳入各级政府的决策、政策法规和规划中，通过保护地体系建设扭转生物多样性下降的趋势，承认和尊重地方社区和群众的权利，充分调动社会各主体积极性，整合资源，凝聚高水平保护与高质量发展合力。

（三）关于青海"两高"的融合发展。与会专家认为，青海这片热土承载着习近平总书记和党中央的深切关怀，青海最大的价值在生态、最大的责任在生态、最大的潜力也在生态，坚持生态保护和可持续发展的统一，聚力打造全国乃至世界生态文明高地，青海无限光荣且任重道远。青海的生态之变、发展之变、民生之变，人民群众理念和精神面貌之变，为协同推进青海高水平生态保护和经济高质量发展奠定了扎实的物质基础和群众基础。有专家提出，推进中国式现代化青海新篇章建设，首先要处理好高水平保护和高质量发展的关系，积极推进国家公园示范省建设，探索"两山"转化路径，强化产业"四地"建设，改善民生福祉，在协同推进高水平保护和高质量发展中，展现青海担当，提供青海方案。还有专家提出，高水平保护和高质量发展是相辅相成不可分割的，青海既要高水平保护又要高质量发展，加快推进产业"四地"建设是方向也是路径，体现了青海的资源禀赋和比较优势，彰显了青海在全国发展大局中的战略地位。

二、高质量创建国家公园

与会专家一致认为，在习近平生态文明思想指引下，我国国家公园建设在政策规划和管理体系方面取得了积极的成效。我国国家公园建设已经进入扩面提质的快速发展期，机遇与挑战并存，机遇大于挑战。但是，高质量创建国家公园仍然面临一些体制机制性难题，需要深化改革来实现高水平保护，需要在理论研究、实践探索、吸收借鉴的基础上，推进国家公园建设再上一层楼。

（一）关于如何高质量建设国家公园。与会学者认为，高质量建设国家公园是全面建设人与自然和谐共生现代化的重要举措，习近平生态文明思想科学回答了什么是国家公园、为什么建设国家公园和如何高质量建设国家公园的重大理论和现实问题。有学者指出，国家公园在自然保护地体系中占据主导地位，我国国家公园制度体系基本形成，管理体制初步建立，保护初见成效，已进入扩面提质的快速发展期。但是，高质量推进国家公园建设中生态与人、保护与发展的矛盾依然突出，社区共管问题，核心保护区、一般控制区生产经营与特许经营问题依然没有得到有效解决，高质量建设国家公园面临新挑战。有学者指出，国家公园建设应该在保护和发展之间寻找平衡点，强调生态优先但不是生态唯一。有学者针对国家公园建设中的综合执法难题，提出在高质量创建国家公园过程中，要明确谁来执法、怎么执法和执法内容，理顺执法主体、严格执法程序、创新执法方式、加强执法保障、改善综合执法条件、统筹执法资源，着力提高国家公园建设的制度化、现代化水平。有学者认为，国家公园建设实践成效巨大，但理论研究滞后、深度有限，阐释性多、研究性少，对策性多、理论性少，重复性多、突破性少，跟踪性多、前沿性少，今后的研究要突出实践导向，形成中国特色的国家公园建设理论体系，为高质量创建国家公园提供智力支持和理论支撑。

（二）关于创建国家公园的生动实践。有与会者提出，三江源国家公园是中国面积最大、海拔最高、高原生物多样性最为丰富的国家公园，经过多年试点建设，逐步构建了统一规范高效的管理体制，初步形成了借鉴国际经验、符合中国国情、适应青海特点，具有三江源特色的国家公园治理模式。有与会者提出，祁连山国家公园借鉴了三江源国家公园、大熊猫国家公园、海南热带雨林国家公园的建设经验，在探索和创新中持续强化制度保障，强化协同保护和科技能力培训，推动生态红利全民共享。有与会者提出，青海湖既是青海省的著名旅游景区，也是青海湖国家公园的核心区，如何处理好旅游发展和国家公园建设的关系，事关青海湖国家公园的高质量发展。有学者提出，黄河口国家公园建设坚持生态优先，把环境承载能力作为前提和基础，在绿色转型中推动经济发展实现质的有效提升和量的合理增长；坚持系统治理，探索陆海统筹、系统修复、综合治理的黄河口湿地修复模式，筑牢生态基底；坚持问题导向，统筹考虑黄河口国家公园范围内的实际情况，逐人、逐户、逐企业制定处置方案；坚持文化创新，依托自然景观和人文景观资源，以黄河文化、石油文化、红色革命文化为核心，增强文化熏陶和生态体验感；不断完善黄河口国家公园法治体系，推进治理体系和治理能力现代化。有学者认为，要把海南热带雨林国家公园作为建设国家生态文明试验区的标志性工程高位推进，助力海南高质量发展。

（三）关于持续高质量建设国家公园。高质量推进国家公园建设，既有共性亦有个性。有与会者认为，三江源国家公园已经成为青海生态文明建设的亮丽名片，要全面贯彻落实规划，统筹协调管理机制体制，全面提升生态系统和治理水平，努力开创三江源国家公园建设的新局面。有与会者认为，青海湖国家公园要坚持绿色发展是高质量发展最浓厚的底色，把良好生态环境是最普惠的民生福祉的理念，融入青海湖国家公园建设之中，找到国家公园建设和旅游资源开发利用的平衡点，走出一条生产发展、生活富裕、生态良好的发展道路。有与会者提出，推动祁连山国家公园高质量发展要高效完成管护任务，妥善处置好矛盾风险；要完善生态管护巡察责任制，加大巡护执法力度；要不断提升保护管理水平，强化科研支撑；要全面做好文化宣传演示，讲好国家公园故事；促进经济绿色协调发展，探索特许经营制度。有学者提出，黄河口国家公园建设中如何处理好胜利油田与国家公园建设的关系，需要进一步深入研究。有学者指出，高质量建设大熊猫国家公园要协调不同政府部门、机构之间的关系，建立和完善多元共治平台；不仅要关注生态保护，还要关注生态价值实现。有学者提出，要以更高标准推进海南热带雨林国家公园建设，全面发展旅游业、现代服务业、高新技术产业、热带农业,沿着绿色生态的方向大步前行。

三、关于"两山"理论的实践探索与理论创新

与会专家学者一致认为,"绿水青山就是金山银山"的科学论断,历经理论与实践的双重检验,是全党和全社会的共识,是习近平生态文明思想的重要组成部分,为新时代推进生态文明建设、实现人与自然和谐共生提供了根本遵循。

(一)关于"两山"理论的科学内涵。与会学者认为,要用好"两山"论,走实"两化"路,夯实"绿水青山"的生态家底,做好"生态+"大文章,加快制度创新,从政策、营商环境等方面推进高水平保护与高质量发展,为以中国式现代化全面推进中华民族伟大复兴做贡献。有学者提出,把握"两山"理论科学内涵的关键是"就是"二字,要充分理解和把握"绿水青山"是有价值的、是重要生产力,"绿水青山"和"金山银山"相互转化必须发挥主观能动性。有学者提出,"三个最大"是从全国格局对青海省最系统、最全面和最精辟的概括,是青海践行"两山"理论价值内涵;把"两山"理念落实到青海经济社会发展之中,必须实现思想观念的深刻变革,制定持续有效的、长远的经济社会发展战略,走绿色发展之路;要把"两山"理念转化为经济效益,实现生态价值、经济价值和社会价值的统一,科学研判青海经济社会发展的实际规律,构建适合青海的"两山"理论转化路径。有学者认为,要不断深化湟水国家湿地公园生态产品价值核算的研究,为探索生态优势向经济优势转变,构建生态产品价值实现体系,开展生态资产和生态产品价值评估提供实践样板。

(二)关于"两山"理论的青海实践。与会学者认为,青海的发展既要"绿水青山"也要"金山银山","生态绿"的含量越高,发展的"含金量"越足。有与会者认为,海东市平安区践行"两山"理论,获得国家生态文明建设示范区殊荣主要经验有三:一是强化组织保障,将生态保护优先理念贯穿于经济社会发展全过程,全力开展"两山"基地创建工作;二是通过生态环境分区管控、城乡统筹，大力实施生态保护工程，筑牢生态保护屏障；三是推动"两山"基地创建与产业融合发展，立足本地实际，打造青藏高原有机农畜产品输出地典范，创建省级全域旅游示范区，建设宜居宜业宜游的乡村旅游样板。有与会者提出，乌兰县践行"两山"理论的主要实践：一是"生态+旅游"。茶卡镇依托资源禀赋，厚植生态优势，积极探索"公司+合作社+农户"的发展模式，创新"互联网+"经营理念，不断加强环境整治，依托盐湖资源发展民俗产业，走出了一条具有茶卡特色的"两山"转化之路。二是"生态+牧业"。以"茶卡贡羊"获得农业部农产品地理标志为契机，鼓励合作经营，提升品牌竞争力，探索"合作社+农户+市场"的经营模式，强化政企合作推动生态产业发展。三是"生态+红色"。莫河驼场借助红色旅游、红色教育，做精做细骆驼产业，实现"农牧旅"特色优势产业齐头并进。有与会者认为，党的十八大以来贵德生态环境稳定向好，生态经济指标显著提高，逐步实现了生态保护和经济社会发展的双赢。今后，贵德将继续厚植"绿水青山"颜值，提升"金山银山"价值，转变经济增长方式改善生态产业结构，通过绿色转型为产业发展提质增效，在人与自然和谐共生中做"两山"理论的忠实践行者。还有与会者阐述了玉树"两山"理论转化的实践路径，认为玉树厚植生态底色，打生态牌、走生态路、吃生态饭，推动绿色发展，人居环境实现根本转变；全方位发展全域生态旅游助推"两山"理论转化，打造国际生态旅游目的地核心城市，促文旅融合发展；建立健全体制机制，确保"两山"理论转化更有底气，奋力谱写新时代健康、现代、幸福生活新篇章。可见，青海人坚守"中华水塔""源头责任"，绿色赋能"土山"变"青山"，贡献了人与自然和谐共生的青海智慧，以鲜活案例验证了环境恶劣与条件艰苦并不影响出经验、出思路、出模式。

四、关于推动青海经济高质量发展

与会学者一致认为，青海发展的大时代已到来，要坚持以习近平生态文明思想为指导,牢牢把握"三个最大"省情,主动融入和服务国家发展战略,把青海的生态优势转变为发展优势,掀起青海经济高质量发展的新高潮。有学者认为,要以产业"四地"赋能青海高质量发展,加快建设世界级盐湖产业基地,打造国家清洁能源产业高地、国际生态旅游目的地、绿色有机农畜产品输出地,走出一条具有青海特色的共同富裕之路。有学者提出,青海高质量发展必须处理好全局与局部、发展与保护、政府与市场之间的关系,构建现代产业体系,推进区域协调发展,把资源能源优势转变为经济发展的优势。有与会者提出,要奋力打造国际旅游目的地,实施"一心一环多带"生态旅游战略布局,加快旅游产品研发、推动机制转型、促进产业发展、夯实基础设施,吸引优质客源共享大美青海。有与会者认为,要构建产业生态化和生态产业化为主的生态农业体系,走出一条生态农业强省的路子,拓展绿色发展新空间,抓好绿色有机农畜产品输出地建设;突出产业振兴,推进一、二、三产业融合发展;坚持创新驱动发展战略,塑造发展新动能。有与会者认为,海东市位于兰西城市群的核心,构建现代化产业体系具有经济实力不断提升、经济结构不断优化、基础设施建设稳步向好的优势。今后,要以构建现代化产业体系为抓手,推进海东市经济高质量发展,坚持绿色导向,加快形成优质特色产业集群;强化智力支持和科技支撑,统筹城乡协调发展,深化交流合作,闯出一条生态良好与经济发展的共赢之路。有与会者提出,海西州要借助资源禀赋大力发展循环经济,同步推进绿色生产体系和绿色生活体系建设,不断提高人民生活品质,为经济社会高质量发展凝心聚力。

目　录

平行论坛二："两山"转化的理论与实践

平行论坛三：推动经济高质量发展

第六届青海改革论坛暨全省
党校系统智库联盟论坛开幕式上的致辞

王大南*

在这天高云淡、秋收冬藏的时节，中共青海省委党校、中共青海省委改革办共同主办，青海改革发展研究院承办的"第六届青海改革论坛暨全省党校系统智库联盟论坛"今天隆重开幕了，来自五湖四海的专家学者齐聚一堂，围绕"协同推进生态高水平保护和经济高质量发展"这一主题，共谋发展大计，共话美好未来，这既是学习贯彻习近平新时代中国特色社会主义思想和党中央重大决策部署的实际行动，也是贯彻落实全国生态环境保护大会精神和《中华人民共和国青藏高原生态保护法》、推动青海经济高质量发展的重要活动，意义十分重大。在此，我谨代表中共青海省委向本次论坛的召开表示热烈的祝贺！向出席论坛的各位嘉宾表示诚挚的欢迎！也向关心、支持本次论坛的各界人士表示衷心的感谢！

在青海，一幕幕涵盖生态、生产、生活维度空间，辐射生态保护、产业升级、经济发展等各领域的生态文明大美画卷，令人目不暇接，在青海，大家每天能看到与生态环境息息相关的讯息，能够感受生态环境正在向好的方向发展的巨大变化，这些是青海省牢记习近平总书记的殷殷嘱托，牢记把握"三个最大"省情定位，保护好三江源、保护好"中华水塔"的生动写照。

青海这片热土，一直承载着习近平总书记和党中央的深切关怀。党的十八大以来，习近平总书记两次亲临青海考察、两次参加全国人大青海代

---

* 王大南，青海省委常委、宣传部部长，省总工会主席。

表团的审议，对青海的生态保护多次发表重要讲话，多次作出重要指示批示，明确了"青海最大的价值在生态、最大的责任在生态、最大的潜力也在生态"的省情定位。生态保护和可持续发展，聚力打造全国乃至国际生态文明高地，生态文明建设的各项工作交出了满意答卷，生态青海建设和高质量发展都开启了新的篇章。

我认为，这其中最有成效的莫过于四件大事要事。

一是按照习近平总书记"把青藏高原打造成全国乃至国际生态文明高地"的重要指示，着力打造生态安全屏障、绿色发展、国家公园示范省、人与自然生命共同体、生态文明制度创新、山水林田湖草沙冰一体化保护和系统治理、生物多样性保护"七个新高地"。2022年国务院办公厅发出通报，对国务院第九次大督查发现的60项典型经验做法予以表扬，其中青海省践行习近平生态文明思想，聚力打造生态文明高地的典型做法是榜上有名的。二是按照习近平总书记"在建立以国家公园为主体的自然保护地体系上走在前头"的重要指示，高质量推进三江源国家公园建设，全面完成祁连山国家公园试点任务，正式启动青海湖国家公园创建工作，昆仑山国家公园创建前期工作取得阶段性成效，已初步形成以国家公园为主体、自然保护区为基础、各类自然公园为补充的自然保护地新体系，为构建生态文明制度体系树立了"青海范例"。三是按照习近平总书记"加快建设世界级盐湖产业基地，打造国家清洁能源产业高地、国际生态旅游目的地、绿色有机农畜产品输出地"的重要指示，青海省始终贯彻创新、协调、绿色、开放、共享新发展理念，以产业"四地"建设为牵引，加快构建绿色低碳循环发展经济体系，有序实施碳达峰十大行动，新能源、新材料等新兴产业不断崛起并培育壮大，成为助推青海经济高质量发展的强大引擎。四是按照习近平总书记"坚定筑牢国家生态安全屏障"的重要指示，统筹山水林田湖草沙一体化保护和系统治理，实施"中华水塔"和地球第三极保护行动，推动生物多样性保护重大工程，持续推进大规模国土绿化，构建

"两屏三区"生态保护格局。青海的生态之变、发展之变、民生之变、人民群众理念和精神面貌之变，为协同推进青海生态高水平保护和经济高质量发展奠定了扎实的物质基础和群众基础。

平衡经济发展和环境保护的关系，一直是人类生存的重要课题，我们必须努力探索发展实践。今年7月，习近平总书记在全国生态环境保护大会上发表重要讲话，系统阐述了继续推进生态文明建设需要正确处理的"五个重大关系"，其中放在首位的便是高质量发展和高水平保护的关系。今年，在青海省委十四届四次全会上也鲜明指出，"生态保护不是不要发展""加快发展不是大干快上"保护好青海高原生态环境，促进青藏高原经济高质量发展，是贯彻新发展理念、实现新发展目标的必然要求。实践充分证明，全面践行习近平生态文明思想，站在人与自然和谐共生的高度谋划发展，在保护生态环境中保护自然价值和增值自然资本，保护经济社会发展潜力和后劲，推动绿水青山和金山银山之间持续双向转化，是中国迈向现代化的全新选择，也是现代化新青海建设的必经之路。

面向未来，我们期待展现更多的青海担当、提供更好的青海方案、做出更大的青海贡献。但让我们在奋力打造生态文明高地、建设好国家公园示范省、加快推进绿色转型发展、在实现"双碳"目标上先行先试、依法保护青藏高原生态环境等方面仍有许多亟待解决的问题。比如，绿水青山与金山银山双向转化机制不健全，生态系统退化趋势虽得到有效遏制，但生态系统抗干扰能力弱，经过治理的退化草地"近自然恢复"难度大；欠发达的一些地区仍存在粗放发展、以生态环境老本换取经济增长的情况；工业结构仍然偏重偏粗，高耗能和资源依赖性企业占比高，等等。总的来看，青海的生态文明建设任务依然艰巨，高水平保护和高质量发展矛盾依然突出，绿色低碳转型发展依然任重而道远。我们必须坚持以习近平生态文明思想为指引，站在人与自然和谐共生的高度来谋划青海发展，持续推进国家公园示范省建设，持续打造绿色低碳循环经济体系，持续探索"两山"理论转化路径,持续改善民生福祉。

今天的论坛,嘉宾云集、群贤汇聚,有国内生态文明领域的顶尖学者,有从事相关行业的业内精英,也有扎根高原、经验丰富的一线干部,是一次难得的学习交流机会。诚挚希望各位嘉宾、各界朋友,直面问题,畅所欲言,一起为推进青海生态高水平保护和经济高质量发展传经送宝、启发思维,提出更多真知灼见,特别是为青海如何更好地融入国家战略、找到生态保护与经济发展的"最佳平衡点"、谱写青藏高原生态保护和高质量发展新篇章提供强有力的智慧支持。

最后,预祝第六届青海改革论坛暨全省党校系统智库联盟论坛圆满成功!祝大家工作顺利、身体健康!

谢谢大家!

2023 年 11 月 24 日

主旨发言

时　　间：

2023年11月24日上午

地　　点：

中共青海省委党校礼堂

主　　持：

马洪波　青海省委党校（青海省行政学院）副校（院）长、教授

发言嘉宾：

曾凡银　安徽省社会科学院院长、教授

张占斌　中央党校（国家行政学院）马克思主义学院原院长、一级教授

张贺全　中咨集团生态技术研究所（北京）有限公司总经理、研究员

孙发平　青海省社会科学院原副院长、研究员，青海学者

吕　植　北京大学生命科学学院教授、博士生导师

发言题目：

曾凡银：新安江千岛湖生态补偿机制研究

张占斌：在中国式现代化进程中努力实现三个倍增

张贺全：以生态产品价值实现推进高水平保护和高质量发展

孙发平：论产业"四地"建设的战略意蕴和实践走向

吕　植：《昆明—蒙特利尔全球生物多样性框架》解读

新安江千岛湖生态补偿机制研究

曾凡银*

新安江生态整个区原来是两个市，后来扩大到四个市，上游是我们安徽省休宁县，是它的源头。"农夫山泉有点甜"就是这里的水。源头活水出新安，百转千回入钱塘，新安江是杭州市的一条最主要的河流，它发源于黄山市休宁县境内六股尖，经过歙县的街口镇流到浙江，流到下游千岛湖、富春江，然后流入钱塘江。

一、新安江千岛湖生态补偿制度的演变

习近平总书记非常重视并亲自推动全国首个跨流域的生态补偿试点，尤其是2011年习近平总书记在全国政协关于千岛湖水资源保护行动调查报告中作出的重要批示："千岛湖是我国极为难得的优质水源，加强千岛湖水资源保护意义重大，在这个问题上要避免重蹈先污染后治理的覆辙，安徽、浙江两省要着眼大局，从源头控制污染，走互利共赢之路。"皖浙两省按照习近平总书记要求，新安江流域生态补偿机制当时划为几个阶段，第一是制度酝酿，第二是制度启动，第三是制度实践，经过三轮九年的试点，逐步走向常态化和制度化。2020年8月20日，在扎实推进长三角一体化发展座谈会上，习近平总书记强调了长三角地区是长江经济带的龙头，安徽作为一个重要的省份，不仅要在经济发展上走在前列，也要在生态保护和建设上带好头，所以新安江模式已经在全国15个跨流域和19个省进行推广了。主要有这样几个阶段：2004年至2009年以及2010年至2011年，拨付的5000万元给付支持，补偿的资金由纵向逐步过渡到浙江和安徽两个横向

---

* 曾凡银，安徽省社会科学院院长、教授。

的补偿，2021年到目前就是常态化的了。我们安徽与浙江两省签订协议，签订新安江生态补偿架构。新安江生态补偿机制按照谁受益谁补偿、谁保护谁受益的原则，当时我们两省尤其是黄山和杭州就按照"环境共治、产业共谋、利益共享、责任共担"的原则，现在我们产业共兴了。通过10多年的实践，安徽省委政研室始终坚持以习近平生态文明思想为指导，坚持生态优先、坚持绿色发展、坚持互利共赢、坚持依法治理、坚持全民参与。

二、新安江千岛湖生态创新

（一）从上到下的制度设计与有序实施

纵向上，财政部、环保部协调制度实施，中央财政纵向支付每年3亿元。横向上，安徽与浙江两省合作，因为水质问题做环境监测，监测达到要求。从中央到地方纵向有效衔接，皖浙两省及两县横向协调有序的新安江流域生态补偿制度体系形成。关于两省的水质对赌，如何去对赌，就是这个P值，有高锰酸盐这四个指标作为补偿标准。第一轮，年度水质达到小于等于1，浙江拨付给安徽1个亿，反之安徽拨付给浙江1个亿；第二轮双提高，安徽跟浙江两省由原来1个亿，再增加1个亿，也就是2个亿了。水质考核标准提高了，原来是0.85，现在是0.89。考核标准很严，如果P值小于等于1，浙江给安徽1个亿，如果P值大于1，不仅不给我们，我们还要给他1个亿，如果这个P值不仅小于1，小于等于0.95，浙江在原来1个亿的基础上再给安徽1个亿，就是2个亿，很规范的标准化制度化；第三轮，中央财政逐步退出，P值考核有三个提高，考核参照标准由2008至2010年三年，提高到2012至2014年三年均值，考核达标难度更大，稳定系数由0.85提高到0.9，总氮和总磷权重均由0.25提高到0.28。目前每年不仅达标，而且多数都是一类水，1990年新安江水质的变化是3例，10年中间有一个波动，截至目前这是整个的情况。

（二）创新实践与示范推广

安徽省对浙江的考核，原来是GDP考核，现在改革指标，将黄山市、淳安县列为生态保护地区单独考核，加大生态环保指标权重，原来首轮6个覆盖四个强力，第二轮十个全覆盖+十个强力，第三轮是推出十大工程。10年来黄山市关闭搬迁124家禁养区养殖场，290多家规模养殖厂全部实施配套处理，两市编制产业负面清单。横向有联席会议制度，从省市县定期的联席会议制度、全流域联防联控、联保共建机制包括垃圾打捞等等。经过10多年，两省共同来做生态补偿，皖浙两省获得第一个流域一体化，构建较为系统的生态补偿标准体系，两省称之为新安之江。

保护一体化。森林涵养、湿地涵养、河湖涵养、山水画廊、治理一体化以及网箱、产业污染全部整治，因此现在叫一江清水。发展一体化。全域旅游10万多农民参与旅游、精致农业，黟县五黑以及泉水养鱼市场价格比普通的鱼高出3倍，黄山产业基金撬动其他的基金向前发展。制度一体化。依法推进、依法治理、依法追究、约谈责任人、问责领导干部包括县处级以上领导干部，新安江称之为法治之江。保障一体化。高位推动，省委省政府主要负责同志任双组长，区域联动，长三角一体化+杭州都市圈，以及全民行动，休宁县也获得母亲河奖。这种顶层设计补偿创新上下互动，有机结合的生态保护补偿机制，为我国生态文明建设提供了新安江方案，是中国生态文明建设的一大特色。

三、下一步主要工作

下一步我们要进一步筑牢新安江千岛湖流域生态共同体，牢固树立生态共同体意识，做到生态共同体、命运共同体、利益共同体、责任共同体和文化共同体。

（一）构建样板区一体化新发展格局

构建政策、治理、保护、产业、市场、平台等一体化格局，将年度清单、责任落实纳入皖浙两省考核目标。在治理方面，财政部和生态环境部一直在支持安徽省的黄山市、浙江省的杭州市，我们也积极参与多元主体各相关工作。碳排放交易是我们将来要做的事情，按照习近平总书记指出的山水林田湖草一体化保护，特别要保护好水、林以及草，等等。

（二）打造两山理论转化样板区

生态产业化，黄山自己也有"水"，还有"两条鱼"，古村落在全国地市级排名第二。国际会客厅从旅游方面来做。2018 年开通杭州和黄山高铁以及名村名镇，加之衢州、南屏、黄山、上饶、95 号旅游，发挥了生态产品价值。杭州和黄山两市联合印发毗邻区块发展规划。产业生态化，建成了黄山、杭州两市产业园产业联盟，采取"园区+园区、园区+企业、企业+企业"的模式，黄山市 7 个省级以上开发区分别与杭州都市圈城市签订合作协议，跨越皖浙的新安江，实现了从共赢到共护再到共富的生态共治。

马洪波：农夫山泉有点甜，这个甜不仅有浙江人的保护，更有安徽人的担当，还有把保护变成发展的探索。青海作为三江之源一直在大力呼吁，在甘青、甘川之间建立生态补偿机制，但是还没有破局，刚才曾院长的演讲为我们青海省更好开展生态横向补偿探索提供非常好的启发。

在中国式现代化进程中
努力实现三个倍增

张占斌*

青海牢固树立绿水青山就是金山银山的理念，努力促进绿水青山更好的转化为金山银山做出了积极的探索，为保护三江源、保护中华水塔、保护母亲河、保护中华文明的传承和可持续作出了重要的贡献。下面，我围绕在中国式现代化进程中努力实现三个倍增，做一个发言。

党的二十大为我们实现中国式现代化做出一个宏伟谋划，提出了本质要求、重大原则、重要关系以及"两步走"的发展战略，在中国式现代化的本质要求中提到了实现高质量发展、全体人民共同富裕，促进人与自然和谐共生、创造人类新文明，这些概念与我们青海绿色发展、生态保护是密切联系在一起的，中国式现代化的实现很重要的特征是需要人与自然和谐发展和共生，青海可以走在前、做示范、做贡献。要实现高质量发展，很重要的内容就是要提高人民的生活品质，实现城乡居民人均收入不断迈上新台阶。我们眼中的现代化一定是城乡人民收入不断增长的过程，而不是现代化讲得好但是收入不增加或者降低，这肯定是不行的，所以，我希望在中国式现代化伟大进程中争取到2035年实现三个倍增。

一、关于"三个倍增"

（一）城乡居民人均收入倍增

2020年到2035年城乡居民人均收入翻一番，实现第一个倍增。党的二十大报告提出，到2035年人均国民收入水平要达到中等发达国家目标，所

---

* 张占斌，中央党校（国家行政学院）马克思主义学院原院长、一级教授。

以到那个时候城乡人均可支配收入要有一个倍增，这是第一点。

（二）中等收入群体规模的倍增

关于中等收入群体概念，我们国家统计局有比较权威的说法，在此之前中国经济学界也有一些讨论和不同意见，通常指的是以国家统计学统计作出的一个讨论，三口之家一年收入只要超过 10 万就已进入中等收入群体的行列，10 万到 50 万也算中等收入群体，现在大概有 4 亿人，到 2035 年希望能增加 1 倍，也就是增加到 8 亿人再多一点，这对我们国家成长和进步意义重大。低收入群体，三口之家低于 10 万的收入，此类群体有 9 亿多人，如何将其拖入中等收入群体中来对我们来讲非常重要。

我们是制造业大国，将来要迈向强国，要发扬工匠精神，有一批人要进入到中等收入群体，还有个体工商户，有的一个人注册一个企业，包括卖某一种饮料、特色产品或者做面条，做得好也有可能进入中等收入群体。在城乡城镇化进程中，伴随着农业转移人口的市民化，有一部分人来到城里工作生活，有些人通过自己的努力最后也有可能进入中等收入群体。另外，随着农业产业化的发展，随着农村人口逐渐的减少，留在农村的人人均占有资源的数量也在增加，有的可以通过特色产业、特色养殖、特色种植包括乡村旅游来实现从低收入群体到中等收入群体。

（三）市场经营主体数量的倍增

2012 年全国市场经营主体是 5000 万个，包括大企业、央企、国企以及个体工商户，个体工商户数量相对多一些。2020 年已经是 1.4 亿，已经翻了接近 2 倍的数量。2023 年国家统计局市场经营主体数据是 1.69 亿人，相当于 1.7 亿，党和政府捍卫着市场经济，我们市场经营主体将来一定还会增加，中国市场经济大潮波澜壮阔，这个目标是有可能实现的。

二、关于"三对关系"的认识

（一）以经济建设为中心和以人民为中心的关系要处理好

以人民为中心是我们党的价值立场，要以经济建设为中心，这是我们党从十一届三中全会以来的路线、方针、政策，它是互相促进的关系，所以当前经济面临很大压力，希望把以经济建设为中心的旗帜举得更高一点，把"声音"喊得更响亮一点。今年我们1158万高校毕业生就业压力大，我们政府机关、党政机关要拿出位置或者央企有的机构拿出位置，甚至有上百人几千人报一个位置，竞争是多么的激烈，所以经济是个基础，经济是个中心，一定要把这个旗帜举得更高一些才好。

我们要实现共同富裕，但不是搞平均主义，不是吃大锅饭。首先，要把蛋糕做大，这才能体现以经济建设为中心。然后，通过合理制度安排把蛋糕分好，只有这样才能水涨船高，各得其所，让发展成果更多更公平惠及全体人民。青海在保护好生态环境的同时也要研究我们怎么能更好的发展，更好地推动经济社会高质量发展。

（二）政府与市场的关系要处理好

中国40多年改革开放，为我们蹚出一条崭新的道路，特别是把市场经济拿到中国来，这是马克思当年没有想到的事情，列宁也没想到，确实是中国共产党人的伟大创造，中国从站起来、富起来并向强起来迈进，在很大程度上也是因为我们有40年的改革开放，比较好的处理了政府和市场的关系，让市场在配置资源中发挥决定性作用。简而言之，就是有效市场和有为政府，两个比较优势，两个组合把它发挥出来。西方国家总体来讲，市场还是可以，但是政府的力量不是很强，我们过去政府力量强，市场不强，通过改革搞市场经济我们市场也强起来，如果我们把这两个强，强强联合都发挥得好，那就能够无敌于天下。我们中国的高铁事业有这么好的发展，得益于我们更好地把准全国一盘棋，政府和市场的关系处理得比较好。

（三）公有制和非公有制经济关系要处理好

要处理好国有经济和非公有制经济，特别是民营经济的关系，民营企业在中国具有56789的特征，这个8就是80%的就业，是民营经济创造的，如果没有民营经济的大发展，就业就会带来天大的难题。

2008年美国金融危机和这两年的疫情，农民工返乡都是两三千万的人数，所以社会要保持稳定，必须要想尽各种办法创造各种就业，就业就是基本的民生，要想办法保障，中国共产党才能更加取信于民。基本的民生要得到保障那就得有经济的发展，就得有市场的活跃，就得有市场经营主体的增加，没有这些怎么能出现就业呢，所以我们要特别对民营经济给予更多的支持。中央今年上半年发了一个支持民营经济发展壮大的意见，国家发改委专门成立了民营经济发展组，现在各省有的已经召开或者正准备召开关于民营经济发展大会，甚至表彰大会，为民营经济鼓劲站台，这都非常好，"两个毫不动摇""三个没有变"，包括"两个健康"，但是这个问题还不能得到彻底的解决，将来希望在理论上有更大的突破，在法律制度上，也应该有更大的突破。

三、关于"三个积极性"

（一）调动民营经济的积极性

民营经济是推进中国式现代化的生力军，非常有活力，没有它，80%的就业就无从谈起，民营经济是高质量发展的重要基础，同时也是推动我国全面建成社会主义现代化强国，实现第二个百年奋斗目标的重要力量。习近平总书记曾说，"国有经济是自己人，民营经济也是自己人，手心手背都是肉"。习近平总书记讲民营经济是我国基本经济制度的内在因素，如果没有民营经济，这个社会主义基本经济制度就大打折扣了。现在有的民营经济"躺平"，资本焦虑，早些年资本有外逃，现在可能逃不出去了，但是有的资本仍然是感到不安，如何让资本不紧张不焦虑，让他们放手一搏，是我们将来需要认真研究的重大问题。怎么支持民营经济大发展，比如说持续优化民营经济发展环境，强化民营经济发展的法治保障，加大对民营经济支持力度，提升民营经济高质量发展，持续营造关心，促进民营经济发展壮大的社会氛围。总之，要多想一些办法来推动民营经济发展。

（二）调动资本市场的积极性

资本市场为中国经济发展是有贡献的，但它的贡献离党和人民的要求、离市场经济的要求还有一些距离，在资本理论上也有差距。因此，资本市场要搞好还得有资本理论的创新，要把理论研究好。所以经济遇到困难，这些困难最直接的原因是资本市场，所以证监会一定是感受到巨大压力的。

（三）要把领导干部的积极性调动起来

改革开放以后，我们很多领导干部战斗在一线，推动中国经济发展，为中国经济发展作出了自己的贡献。最近这些年，由于复杂的原因，有些干部出现了一些躺平或者说不太愿意作为等一些问题，怎么能把更多干部积极性调动起来这对我们将来经济增长非常重要，中央领导内部有一些激励制度也有容错机制，但是落实得不好我们希望把它落实好，特别是有一些受过轻处分的干部还要很好的爱护他们，大胆使用他们，让大家在战场上为我们中国经济高质量发展建功立业。

马洪波：刚才，占斌教授饱含深情地对青海的改革与发展进行了思考，也为我们描绘未来中国发展的美好图景，让我们对未来的中国充满了期待。当然要把这种期待变成现实需要我们共同努力。青海的发展速度相对缓慢，一个重要的原因就是民营经济发展的规模、速度、质量不尽如人意，只有更多的民营经济的发展，我们青海经济才会实现高质量发展。

以生态产品价值实现推进
高水平保护和高质量发展

张贺全*

一、基本概念

首先给大家分享一下基本概念，什么是生态产品，根据国家发展改革委、国家统计局颁布的生态产品总值核算规范，生态产品是生态系统为经济活动和其他人类活动提供且被使用的货物与服务贡献，包括物质供给、调节服务和文化服务。

物质供给是生态系统为人类提供并使用的物质产品，包括粮食、油料、蔬菜、水果、木材、生物质能、中草药，等等；调节服务是为维持和改善人类生存环境提供的惠益，比如水源涵养、土壤保持、防风固沙、洪水调蓄、空气净化、固碳，等等；文化服务是生态系统为提高人类生活质量提供的非物质惠益，包括精神感受、灵感激发、旅游观光、休闲娱乐，一些摄影和写生活动都属于文化服务范畴；生态产品价值实现，是指在严格保护生态环境的前提下，将良好的生态环境蕴含的生态价值转化为经济价值，促进生态优势转化为经济优势。建立健全生态产品价值实现机制，通过完善制度建设，实现生态产品价值的顶层设计。生态产品总值有的地方也叫生态系统服务总值，把它与GDP相对应就是GEP，在一定行政区域内，各类生态系统在核算期内提供的所有生态产品的货币价值之和，简称为VEP，是某一特定地域单元所含生态产品，在核算期内的市场价值。

习近平总书记高度重视生态产品价值实现工作，将建立健全生态产品价

---

* 张贺全，中咨集团生态技术研究所（北京）有限公司总经理、研究员。

值实现机制作为中央重大改革任务加以部署推进。他多次发表重要讲话，强调要积极践行"绿水青山就是金山银山"的理念，选择具有条件的地区开展生态产品价值实现机制试点。2021年4月，中办国办印发了《关于建立健全生态产品价值实现机制的意见》，这是我国首个将"绿水青山就是金山银山"理念落实到制度安排和实践操作层面的纲领性文件，为生态产品价值实现作出顶层设计，为全国开展生态产品价值实现工作提供了根本遵循和行动指南。现在在生态产品价值实现上面临的问题就是要破解四难——难量化、难抵押、难交易、难变现。目前有30个省市区开展了生态产品价值实现的相关工作，并且取得了初步成效，总体来看这项工作还处于起步阶段。

二、关于政策的演进

2005年8月，时任浙江省委书记的习近平同志，首次提出"绿水青山就是金山银山"理念的科学论断，这一论断就是我们生态产品价值实现机制的基础。2010年12月，国务院印发了《全国主体功能区规划》，首次从国家层面提出了生态产品的概念，并将生态产品视为经济社会全局中与农产品、工业品等同的一种产品。之后，有的专家学者就开展关于第四产业的相关研究。2012年11月，党的十八大首次提出要增强生态产品生产能力。2016年8月，中办、国办印发《关于设立统一规范的国家生态文明试验区的意见》指出，要群众提供更多的生态产品，绿色产品的制度要作为试验重点的任务之一，同时印发了《国家生态文明试验区（福建）实施方案》，首次提出生态产品价值实现的概念，也就是说生态文明试验区的任务已经开始，要求要做生态产品价值实现机制的探索。2017年10月，中共中央、国务院印发了《关于完善主体功能区战略和制度的若干意见》，提出要建立健全生态产品价值实现机制，挖掘生态产品市场价值，明确在贵州、浙江、江西和青海四省推进生态产品价值实现试点工作。青海是第一批点名列入试点省份的。2018年4月，习近平总书记在深入推进长江经济带发展座谈会上指出，选择具备条件的地区开展生态产品价值实现机制试点，探索政府主导，企业和社会各界参与，市场化运作和可持续的生态产品价值实现路径。会上，他特别表扬了浙江省丽水市。2019年5月，中央和国务院发布了《关于建立健全城乡融合发展体制机制和政策体系的意见》，进一步提出探索生态产品价值实现机制的改革事项。2020年在"十四五"规划中，明确支持生态功能区建设，把发展重点放到保护生态环境、提供生态产品上。2021年4月，中办、国办印发了《意见》。2021年5月，自然资源部批复山东省东营市等10个自然领域试点。2021年11月，国务院办公厅印发了《关于鼓励和支持社会资本参与生态保护修复的意见》，提出要加强与生态产品价值实现机制等改革协同。2022年3月，国家发展改革委、国家统计局印发了"规范"。2022年10月，党的二十大报告再次明确提出，建立生态产品价值实现机制，完善生态保护补偿制度。2023年7月，习近平总书记在全国生态环境保护大会上发表了重要讲话，系统阐述了继续推进生态文明建设需要正确处理我国重大关系，又一次强调完善生态保护补偿制度和生态产品价值实现机制，真正让保护者和贡献者得到实惠。

当前，相关部委和有关地方政府都在积极行动、认真落实，生态产品价值实现工作已经引起社会各界的高度重视。今年8月，我们和长岛海洋生态文明试验区共同举办了生态产品价值实现机制研讨会。9月，推动建立生态产品价值实现机制，召开远程协商会，提出构建生态产品价值实现机制刻不容缓的建议。10月，李强总理指出，要深入探索生态产品价值实现路径，全国自然资源领域生态价值实现试点总结交流会在东营市召开，通过了验收。

三、案例分享

我们单位是涉足生态产品价值较早的机构，2017年就在生态产品价值实现领域开展自主研究，2018年在浙江启动了首个生态产品价值实现规划项目，目前工作足迹已经涵盖北京市、山东省、湖南省、云南省、青海省等多个省份，涉及不同层级行政区域、国家公园等自然保护地，是全国首批开展相关研究和咨询业务的单位之一。在多年的工作中，我们团队注重理论创新，把握现阶段生态产品价值实现工作推进特点，结合目前各地试点情况和前期实践探索经验，选取了我们工作中具有典型性和代表性的三个案例与大家分享，希望能给青海下一步开展生态产品价值实现工作提供参考与借鉴。

第一个案例：

结合北京市工作基础和实际需求，从有为政府和有效市场层面出发，为北京市推进生态产品价值实现工作作出了顶层设计和系统部署，在生态产业项目和业务谋划、项目落地机制保障、支撑配套体系建设等方面做出了具体举措。去年底，北京市委书记尹力同志主持召开北京市深化改革委员会会议，审议通过了由我们起草的《北京市建立健全生态产品价值实现机制的实施方案》，已经由北京市委市政府印发实施。

在有为政府层面，创新提出以GEP核算结果引导生态保护和绿色发展，推动GEP进补偿进考核，GEP和GDP跨区交换补偿，基于GEP考核的跨区横向生态保护补偿等生态产品价值实现政府路径的应用场景，从政府路径为首都开展生态产品价值实现工作设计了政策闭环。北京市在这个区与区之间，设立与新安江同样的补偿政策。

在有效市场层面，针对生态产品价值实现市场化路径相对薄弱的现状，我们提出了特定地域单元生态产品价值核算方法体系及核算操作流程，以期待在经营开发、担保信贷、权益交易等市场化应用方面发挥作用，切实推动绿水青山向金山银山转化的市场化路径。参与编制《北京市特定地域单元生态产品价值（VEP）核算及应用指南（试行）》，是全国首个针对特定地域单元生态产品价值评估的地方标准，填补了这一领域的空白，为全国推动相关工作、拓展实践探索提供了借鉴、参考。

第二个案例：

东营市自然资源领域生态产品价值实现机制试点。东营市是自然资源部首批、黄河流域首家生态产品价值实现机制试点，也是为数不多的全市域试点。根据2021年5月自然资源部批复的实施方案，结合东营市在生态产品价值实现方面的基础现状，我们通过搭建全国最为系统的生态产品价值实现工作体系，将工作分为基础工作、机制创新、保障体系、试点总结四大板块，深入探索我国北方自然资源相对薄弱地区的生态产品价值实现模式和实施路径。

从成效上看，一是聚焦可量化，构建生态产品价值核算"五个一体系"，典型自然资源"一张图"，为生态产品价值核算提供基础支撑；生态产品"一份清单"，明确核算对象；价值核算"一项规范"，明确生态产品价值核算技术方法；价值核算"一套制度"，明确生态产品价值核算技术方法；价值核算"一个平台"，生态产品价值常态化、智能化、自动化。以2020年为基础，东营市生态产品总值是7236.88亿元，目前正在调整2021和2022年的数据，并且在这个平台上，"一张图"上我们可以任意的选取区域，在5分钟之内就可以出具报告；二是聚焦可转化，创新生态产品价值实现"九项制度"，在维护生态产品供给能力方面，附带生态修复条件土地供应，生态经营配套用地，还有经营性生态产品，生态产业目录，生态资源管理运营平台，区域公共生态品牌，以及公共性生态产品，有特许经营、共建共享、生态补偿机制；三是聚焦可复制，凝结生态产品价值转化"四种模式"，为价值实现的实践探索提供了可借鉴可复制可推广的案例。采取草木园滨海盐碱地治理模式，湿地修复+价值提升模式，生态修复和开发模式，林草资源修复+产业化经营模式，这些都入选了省级及自然资源部的生态产品价值实现的典型案例；四是聚焦可持续，完善生态产品价值实现"三大保障措施"，编制了《东营市国土空间生态修复规划》，共建黄河三角洲生态产品价值科创中心，我们与东营市政府共建，立足黄三角，服务全山东，辐射黄河流域，构建生态产品价值实现成效评估体系，推进生态产品价值实现定量评估。

第三个案例：

结合祁连山国家公园青海片区独特的生态资源和自然景观特性，以及多年来持续扎实推进生态综合治理工程，推进社区融合发展，我们提出在生态保护第一前提下，以核算祁连山国家公园青海片区生态产品价值，创新生态产品价值转化路径为抓手，探索绿水青山向金山银山的转化路径，助力祁连山国家公园青海片区实现高水平保护和高质量发展。

一是开展GEP核算，结合祁连山国家公园青海片区的生态资源禀赋，在国家规范的基础上，进一步优化生态产品价值核算指标体系及核算方法，为祁连山国家公园青海片区绿水青山贴上了价格标签。经核算，2020年度祁连山国家公园青海片区生态产品价值的核算结果为1009亿元。

二是创新生态产品价值转化路径，针对生态产业开发路径抓手不足等问题，开展了祁连山国家公园青海片区生态产品价值实现路径研究，为祁连山国家公园打造人与自然和谐共生现代化的新模式，谋划发展方向和路径。

目前全国各省份相继印发了生态产品价值实现实施方案或意见，顶层设计基本完成，随着各地试点工作的推进，建立健全生态产品价值实现机制，已从理念走向行动，正在步入进规划、进项目、进决策、进考核的实践阶段。

四、下一步主要工作

（一）进规划

国家"十四五"规划纲要明确提出，要建立生态产品价值实现机制作为其中一项重要任务，目前多省市正在探索将生态产品价值实现纳入经济社会发展全局，比如浙江、江西、海南正在探索研究将GEP核算结果作为约束性指标纳入经济社会发展、国土空间规划、美丽中国建设等相关规划。我们服务的山东、湖南、云南等地都已着手编制生态产品价值实现机制规划，作为"绿水青山向金山银山"理念转化的实际抓手。

（二）进项目

进项目是最实实在在的价值转化象征，早在2019年国家发改委修订《长江经济带绿色发展专项中央预算投资管理暂行办法》中已经明确提出，长江经济带绿色发展示范工程中，支持生态产品价值实现机制试点示范项目。今年，长江经济带各省份已经开始申报生态产品价值实现项目，我们正在争取为四川省阆中市生态修复项目纳入长江经济带生态产品价值实现机制试点示范。河北、山东现在推广的海洋牧场，青海、内蒙古、新疆、甘肃等地的光伏治沙等，都是通过新建生态系统拓宽转化渠道，提升转化价值。

（三）进决策

依据GEP核算结果，为生态产品目录、生态产品价值转化路径等提出政策建议，为党委和政府决策提供依据和参考，促进生态高水平保护和高质量发展。将生态产品价值实现工作融入财政金融政策，进一步发挥GEP核算结果应有的参考价值，探索将转移支付、生态补偿等财政奖补机制与生态产品质量和价值相挂钩。

（四）进考核

将生态产品价值保值增值、实现成效作为高质量发展的考核指标，调动各级领导干部在生态产品价值实现中的积极性、主动性、创造性，针对党政部门和领导干部制订考核办法，推动形成硬约束和倒逼机制，明确各地各部门主要职责，建立GDP和GEP双考核机制，将GDP和GEP双增长双转化纳入综合考核。

论产业"四地"建设的
战略意蕴和实践走向

孙发平[*]

高水平生态保护和高质量经济发展二者缺一不可，今年省委十四届全会也专门讲到要厘清一些模糊认识，专门提到生态保护不是不要发展，所以从我们青海来讲，既要高水平把生态保护好，还要推动经济的高质量发展。发展仍然是青海的第一要务，高质量发展仍然是我们的首要任务，如何推进高质量发展，习近平总书记给我们指明了方向，今天我就谈谈"四地"建设战略意蕴和实践走向，因为产业"四地"建设就是习近平总书记来青海视察以后给我们指明的方向和路径。2021年3月至6月，习近平总书记在参加全国两会期间和第二次到青海来视察的时候，就建设产业"四地"发表了重要讲话，这是我们青海发展史上具有里程碑意义的重要事情，所以必须认真分析和研究以及推进产业"四地"建设。我们搞研究的搞教学的首先应该从理论层面、学理层面把这些问题说清楚，只有这样才能更好地推动产业"四地"建设，形成认识上的自觉、行动上的自觉以及理论上的自觉。

一、产业"四地"建设彰显青海在全国发展大局中的战略地位

2021年习近平总书记到青海视察时特别讲了"三个更加重要"，即青海的生态安全地位、国土安全地位、资源能源安全地位显得更加重要。青海高质量发展要走出一条青海自己有特色的道路，特别是要加快产业"四地"建设。产业"四地"建设不仅体现了青海资源的禀赋和比较优势，也彰显

---

* 孙发平，青海省社会科学院原副院长、研究员，青海学者。

了习近平总书记讲的"三个更加重要"。

（一）盐湖资源是我国极为重要的战略资源

青海钾盐、镁盐、铝资源储量居全国首位，潜在的经济价值达到百万亿的高度，柴达木盆地是我国最大的可溶性钾镁盐矿场，察尔汗盐湖又是我国最大的盐湖，氯化钾、氯化镁、氯化铝等储量占全国储量90%以上，资源非常富集。盐湖资源是青海的第一大资源，也是全国的战略性资源，要加强顶层设计，让盐湖这一宝贵资源永续造福人民。从战略角度来看，盐湖资源进行科学全面高效的利用，不仅是青海建设世界级盐湖基地的重要基础，在国家推动产业结构升级，提高资源利用效率，促进绿色可持续发展方面具有不可替代的作用。青海丰富的盐湖资源不仅是大自然资源赐予青海各族人民的财富，也是赐予整个中华民族的宝贵财富，对于我们建设现代化国家，实现中华民族伟大复兴具有重要的意义，战略地位非常明显。

（二）清洁能源是保障国家能源安全，实现碳达峰碳中和的重要支撑

青海清洁能源的资源品种齐全，潜力巨大，而且多能互补的优势非常明显。从光伏资源的理论研究来看，根据学者的计算有35亿千瓦在全国排名第一位，开发的成本是全国最低的，还有风能开发都具有很大的优势。青海72万平方公里，根据专家们的测算10万到15万平方公里都可以开发这种新能源，综合开发条件居全国首位，是我国重要的战略资源储备基地和能源基地。除此之外，我们的水电也非常有优势，青海处于三江之源，特别是在黄河上游，建设大中型电站具有非常独特的条件。青海目前已经建成的这些电站等于已经在中国建了另外一个三峡电站这样的一个发电规模。截至去年年底，青海省整个装机总量是4400千瓦，清洁能源就达到4075万千瓦，占到91.2%，其中新能源是2800万千瓦，占到63%。从这些数据可以看到，青海的电网是持续保持全国清洁能源占比最高的电网，同时青海已经建成2个千瓦级的清洁能源基地，就是海南州和海西州，不仅如此，

青海还建成了一条正负800的特高压输电线路，从海南州一直到河南的驻马店，2020年7月建成投运，可以向河南输送400亿千瓦的电，等于减少原煤消耗1800万吨，也可以帮助河南减少二氧化碳的排放将近3000万吨。更值得自豪的是2017年起青海省连续实施了绿电7日、9日、35日，直到去年的绿电5周，整个全省用电全部都是清洁能源达到5周的持续时间，创造了世界纪录。正因为这样，2021年6月，习近平总书记在考察青海时讲，要在实现碳达峰碳中和方面先行先试，为全国能源结构转型降碳减排做出更大的贡献。由此可见，青海清洁能源建设步伐加快，特别是按照产业"四地"要求加快建设国家产业能源高地，为全国能源结构碳达峰碳中和的实现起到了重要的支撑和保障作用。

（三）生态旅游是我国推进生态文明建设的重要载体

生态旅游可以维护和展示生态自然和生态环境，也可以传承和弘扬人文的生态文化，促进人与自然和谐共生，人与自然的共同发展。青海自然资源丰富，生态环境非常优美，这几年青海打造的"大美青海"成效显著，特别是从青海的生态上来讲，习近平总书记讲到青海独特的生态环境，造就了世界高海拔地区独一无二的大面积湿地生态系统，是世界上高海拔系统生物多样性、物种多样性、基因多样性、遗传多样性最集中的地区，是高寒生物自然物种的资源库，这也为发展国际生态旅游创造了非常好的有力条件，奠定了很好的基础。生态旅游的内在属性，它与生态文明的理念是完全契合的，能够充分体现生态文明基本要求，也是整个生态文明建设的重要载体和组成部分，打造国际生态旅游目的地为我国生态文明建设，国际文化竞争等将会产生深远的影响。青海旅游潜力巨大，景色独特，不仅有自然的还有社会的、人文的以及红色的，等等，这些都为打造国际生态旅游目的地奠定坚实基础。生态环境既是自然财富又是社会财富和经济财富，保护好生态环境，打造国际生态旅游目的地才能实现两山理论、才能推动共同富裕、才能成为青海高质量发展的一个重要路径。

（四）绿色有机农畜产品是我国农牧业高质量发展的重要基础

绿色有机农畜产品对于保障国家的粮食安全，提升我们生活质量，提高生活水平，满足人们对美好生活的需要都具有重要意义。习近平总书记讲到，打造绿色有机农畜产品对于整个国家农牧业转型发展、实现供给侧改革、实现绿色转型都具有重要的意义。青海是发展绿色有机农畜产品最为丰富和优势的地区之一，也是世界上无公害的超净区，全国四大牧场之一，十分适合来种植高原特色作物和养殖高原特色的畜牧业。特别是青海有辽阔的草原，可利用的草原将近4000万公顷，可利用的草地每年生产的牧草达到8000万吨，目前青海全省有12个县完成有机监测的认证，覆盖的草原面积超过461万公顷，建立了全国最大的有机畜牧业生产基地。据此，青海打造绿色有机农畜产品基地，既契合消费者对美好生活的新需求，又可以汇聚广大人民的收入和福祉，是推动青海经济高质量发展重要的路径。

二、产业"四地"建设，顺应国家新时代战略需求和发展方向

产业"四地"建设不仅体现了青海省情特点，其发展也顺应了国家的战略需求和发展方向。

（一）产业"四地"建设符合国家构建新发展格局的战略部署

新发展格局是习近平新时代中国特色社会主义思想和习近平经济思想的重要组成部分，以国内市场为主体，国际国内双循环相互促进的一种经济发展格局，青海产业"四地"建设顺应了这一要求，既有利于扩大和优化内需，也有利于增强和提升对外开放。比如盐湖资源，很多资源对我们的新能源和现代农业发展都非常重要，打造世界级盐湖产业基地既可以有效满足国内市场的需要，也可以为国际市场提供优质服务，提升盐湖产业在国际中的话语权和影响力。清洁能源方面，目前在全球应对气候变化中，我们中国实现碳达峰碳中和非常重要，青海加快建设国家清洁能源产业高地，通过与其他省份开展能源合作和互换，实现清洁能源和传统能源的优势互补，为国内提供绿色低碳的能源保障，推动能源领域的转型升级和结构优化。中亚国家、巴基斯坦等风能、太阳能资源非常丰富，但能源比较短缺，缺乏技术和资金以及人才，开发效率比较低，青海在这方面走在全国前列，在技术装备方面具备良好的出口潜力，可以为国际循环走向世界市场发挥很好的作用。文化旅游方面，通过发展生态旅游，满足国内游客需求，促进国内经济循环，从国际来讲提升青海对外开放水平，展示青海代表中国的美丽风光和多彩文化，特别是三江源、祁连山吸引更多游客到中国来旅游，促进国内外人文交流和民心相通。绿色有机产品方面，青海特色食品对提升整个国家农业竞争力核心发展有很好的作用，也可以走向国际市场，提高青藏高原的国际影响力和话语权。因此，要扩展青海在"一带一路"沿线国家和地区的合作空间，增强青海在全球绿色供应链的地位和作用，打造青海新发展格局。

（二）青海产业"四地"建设是国家资源能源安全的重要保障

能源安全和资源是国家发展的重要基石，特别是这两年我们国家能源安全也面临严峻形势，能源市场动荡不安，价格波动剧烈，供需矛盾加剧，碳排放的压力也在不断增大。通过加快产业"四地"建设，特别是盐湖产业、清洁能源高地建设，既顺应国家对能源资源的需求，又可以提供稳定可靠的战略资源和清洁能源供应，降低对外资源和能源的依赖，增强国家资源能源安全保障能力。

（三）青海产业"四地"建设符合共同富裕的中国式现代化发展方向

22年前，青海城镇居民人均可支配收入和全国城镇居民人均可支配收入相比只少1500元，到去年城镇居民人均可支配收入和全国平均数比我们少了8000元，20多年从1500到8000不但没有缩小，而是在持续加大。青海农民收入也是这样，22年前青海农民和全国农民相比较，平均收入只少750元，到去年少了5000元，这个收入差距也在持续拉大。正因为这样，我们要负重迎难而上，不断扎实推进共同富裕的步伐，加快产业"四地"建设不仅符合现代化建设的总体要求，也是持续增强人民收入、改善人民生活和实现共同富裕的重要路径，这与国家发展的大方向、现代化是完全一致的。因此，要推动产业"四地"建设，通过盐湖资源的综合利用、清洁能源产业发展，搭建国际生态旅游目的地，推动绿色有机农畜产业发展，这就是一条全新的青海实现共同富裕的坚实之路，特别是生态旅游就是两山理论的具体体现，它可以增进人们对文化消费和生态消费的发展，有利于满足人民群众对精神文化需求和健康环境的需要，更是促进人与自然和谐共生的重要途径。对青海来讲实现共同富裕最大的难点仍然在三农，农民的增收，这是未来最艰巨的一项任务，我们要把得天独厚的自然生态和农业资源挖掘好，提升农畜产品的质量和品质，打造特色鲜明、品质优良的农畜产品品牌和产业链，实现人与物质、人与经济的全面富裕，推动乡村全面振兴，推动农牧民增收，为实现共同富裕奠定坚实基础。

（四）产业"四地"建设的实践走向

今年7月，省委召开十四届四次全会明确提出高质量发展是首要任务，产业"四地"建设是青海实现高质量发展的重要支撑，全会对青海画出了高质量发展的主线和重点，进一步明确了高质量发展干什么、怎么干、干成什么样的问题，具体部署了产业"四地"建设的实践路径，特别是提出目标性的要求，就是加快建设世界级盐湖产业基地，为国家粮食安全、资源能源安全作出贡献。具体来讲，从这样几个方面着手：一要加强盐湖资源调查和评价以及开发规划，制定科学合理的开发规划标准，完善优化资源开发的布局和结构。二要突破盐湖资源开发利用的关键技术，技术的进步对我们整个打造世界盐湖基地至关重要，关于锂资源的开发，过去由于受技术的制约，2017年技术突破了以后就推动了整个中国锂资源的开发和利用，要加强盐湖提取分离技术、综合利用技术、清洁生产技术、节能减排技术等开发与应用。三要培育壮大盐湖产业链条，把产业链形成盐湖产业汇聚产业集群，打造一批具有国际竞争力的龙头企业和品牌产品，形成完整的产业链条，提高产品出口规模，融入世界市场。

（五）加强盐湖生态环境保护和修复

一要在发展过程中考虑当前利益和长远利益的关系，实现它的可持续发展。二要打造国家清洁能源产业高地，为全国降碳减排，优化能源结构作出贡献。要加快新能源规模化开发，海南州和海西州两个基地要发展成为国家级的基地，步入全国的领先地位。三要加强水源建设，特别是清洁能源水电站的建设要起到支撑作用。四要打造光伏制造、储能制造，形成产业集群，上下产业链连接起来。五要规划建设新能源的供销体系，推动储能多元化协调发展。

三、打造国际生态旅游目的地

一是坚持以生态塑造旅游品质，构建旅游生态发展格局。二是坚持走精品高端路线，提升青海国际生态旅游的品牌影响力。三是以旅游来彰显生态价值，促进国际生态旅游的社会效益和经济效益。

四、打造绿色有机农畜产品输出地

打造绿色有机农畜产品输出地，为提升人民生活品质做贡献，特别是突破农民增收的难点。打造品牌，延伸、健全产业链，提升农畜产品的市场竞争力。培育专精特新企业，提高农牧业质量效益和创新能力。

马洪波：刚才发平研究员如数家珍般地梳理和总结了青海的生态资源和家底，并按照习近平总书记关于青海工作的重要指示批示精神，分析了青海"四地"建设的路径，既有理论高度也有实践温度，让我们对青海未来的发展有了更大的信心和决心。

《昆明—蒙特利尔全球
生物多样性框架》解读

吕　植*

全球大力推广的全球生物多样性框架——"昆蒙框架"，也称之为《昆明—蒙特利尔全球生物多样性框架》。因为疫情的影响，2021年在昆明开了一半，去年年底在蒙特利尔开了另外一半，出台了这个框架。

一、生物多样性和人类的关系

2000年前后，由联合国做的千年生态系统评估，给出了一个非常清晰的描述，我们生活的方方面面不管是物质的提供，还是环境的调节，或是我们的生活质量、安全、健康、良好的社会关系，最终是我们的幸福感，行动的自由这是幸福感最核心的一个内容，与自然有着千丝万缕的联系。那么现在自然到了一个什么程度了？自然在持续地下降，联合国现在成立了一个固定的机构叫做IPBES，是一个政府间的平台，专门来做生物多样性和生态系统服务评估的。

生态系统衰退了将近一半，有1/45的物种在面临绝灭的危险，从物种的角度和群落的角度来看，完整性下降了23%。整个地球上的哺乳动物，包括我们人类在内，如果称一下重量，所谓的生物量，人类占了60%之多，另外30%是养活我们人类的家畜，剩下10%才是野生动物。现在人类的影响已经深入地球的各个角落，是由人类塑造的，好与坏都跟人类有直接干系。关于土著居民和地方社区的自然环境，土著居民和地方社区关系密切，若环境恶化对他们的生活有着直接影响。

---

* 吕植，北京大学生命科学学院教授、博士生导师。

二、关于利用的驱动因素

一些地区把土地和海洋改变了，变成了其他的用途，比如原来的森林、原来的湿地变成了农田、城市等。

（一）直接利用

资源越用越少，不管是打渔、吃野生动物还是各种消费，现在有很多野生动物贸易是为了奢侈品的消费，包括象牙、犀牛角等。

（二）间接利用

气候变化改变的是物种生存的环境、地球的环境，污染外来入侵物种对物种、对生态环境有直接的影响，背后驱动因素实际上是我们人类社会的不可持续的发展。因资源而导致的冲突甚至有自然中人兽共患的一些流行病，变成一个恶性循环，进而出现经济的冲突，这些病导致了经济的下降，经济下降又进一步导致了环境的影响。

（三）价值观

究其根源，实际上是我们价值观的问题，我们要一个什么样的发展，我们要一个什么样的世界，我们留给子孙后代什么样的世界，这样的价值观直接影响我们的行为是怎么样的，我们做什么不做什么，现在更多的应该考虑不做什么，所以我把现在地球的状况给大家做了系统分析，关于人类为人类的服务，自然为人类的各种服务功能是怎么样的状况，从一些指标上可以看出，基本上都是在下降的。但也有增长的趋势，能源在造成影响的同时也有可再生能源的增长。粮食也在增长，但是因土地质量在下降，我们的物质在逐渐丰富，物质所带来的生态足迹是变化的。这些指标有正负两方面的影响。我们的经济很大程度上在依赖自然，以2019年为例，那一年全球GDP是88万亿美元，其中超过44万亿美元是直接或间接地依赖大自然的。

从20世纪70年代开始，联合国就开始了人类环境保护的进程，第一次是1972年召开了人类环境大会，1992年在巴西的里约热内卢的峰会，出台了"三个公约",一个是气候变化公约,一个是生物多样性公约,另外一个是荒漠化治理,就是土地保护公约,我们通常把这"三个公约"叫做"里约三公约",这"三个公约"中间内在是有非常深的联系的。自公约建立以后就提出各种各样的目标,但始终没有扭转生物多样性下降的趋势。我们保护了这么多年,我们提可持续发展提了这么多年,但是全球的发展仍然是不可持续的,生物多样性、环境、气候都在纷纷地造成各种各样的危机。

三、《昆明—蒙特利尔全球生物多样性框架》基本内容

2050年愿景就是人与自然和谐共生,这也是我们国家现代化发展的愿景。

(一)可持续的利用、管理以及惠益分享

生物多样性管理是可持续的,并且获得的益处是要与生活在生物多样性地区的人民共同分享。传统知识里面有很多利用生物多样性的知识,如传统医药方面,一些大的企业利用了这个知识以后,提炼出了各种各样的药,赚了很多钱,这个惠益是要回来分享的。还有化妆品、农业产品等,所有的农作物都是原住民培育出来的,比如美洲的印第安人培育出了土豆和玉米,养活了地球多少人,多养活了多少人。我们没有考虑利用生物多样性回馈给这些人创造、培育出这些作物给予惠益分享,这是在这一次的会议里谈论特别多的一个问题,大家看到跟利益特别是遗传资源使用包括新的科技的使用是有很深的关系,这涉及一些公司的利益,虽然谈得非常艰难,但还是达成了共识。

(二)可持续利用所需要的主流化

生活的多样性,同样是不可持续的发展,如果发展可持续了,我们的经济是可循环的,在我们的价值观里面要看到一个美好的世界,那么气候变化和生物多样性就都能够得到很好的解决。2030年的行动目标有23条。举个例子,第一,要尊重当地人民和地方社区的权利,包括对它传统的土地的权利,在全球背景下,全球工业化的发展跟殖民是有很大关系的,光靠这些早期工业化国家自己的资源是没有办法支撑资本主义发展和工业化

发展的，所以有了大量的资源掠夺，这些殖民地做资源的掠夺不光是破坏了这些地方的生物多样性和自然，同时破坏了当地的文化，以致当地原有与自然和谐相处的文化受到了非常大的影响。现在在自然保护领域里越来越重视的一个问题就是当地人民和地方社区在发展过程中，他们是受到了负面影响，不管是可持续利用还是保护，都强调了尊重当地人民和地方社区可持续的权利，保障他们的利益是要可持续的，跟大的目标要一致，不能损失。第二，2030年至少30%的陆地和水域包括内陆和沿海、海洋要得到保护，通过什么来保护？通过保护地的体系，保护地外的措施，现在叫做其他基于区域的有效保护措施。要承认当地和传统的领土，并把它融入到一个自然景观里，确保在这些地区里面的任何可持续的利用，与保护的目标是一致的。保护生物多样性的目标，不仅是生物多样性，气候变化本身也是生物多样性的一个威胁，要减缓气候变化，把气温控制在1.5摄氏度和2摄氏度之内，因为超过2摄氏度会让很多生态系统面临不稳定和崩溃的风险。比如珊瑚礁，全球许多的海洋珊瑚礁已经在死亡过程中，所以有很多生态系统，如热带的森林，热带雨林在高温下就休眠了，如果不好好光合作用，二氧化碳的能力就进一步下降，所以在减缓气候变化的行动中，我们要弄清减缓气候变化的目标是什么，而不是把它作为一个可再生能源来发展经济或者新的经济路径，气候变化和生物多样性要形成相互的促进。

（三）落实的相关措施

一是对政府的要求。树立尊重自然和众生平等的价值观，这样的价值观充分纳入各级政府所有部门的决策、政策、法规规划、发展进程、消除贫困战略中，加大对战略环境评估和项目环境的评估，并且酌情纳入国民核算。特别是对生物多样性有重大影响的部门，要逐步使相关的公共和私人活动、财政和资金流动与该框架的目标一致，也就是说政府所有的行为包括在做规划的时候、在投资的时候、在实施的时候，要考虑把生物多样性纳入里面。

二是对企业的要求。要通过法律行政或政策措施推动企业发展，特别是大型的跨国公司和金融机构，定期的监测评估和披露他们对生物多样性的风险依赖性，现在企业特别上市公司要求有 ESG，E 就是环境，但是目前 E 里面对于生物多样性还没有特别多的强调，这是未来会成为要采取法律行政或政策的措施来要求的。影响信息的披露不光对是公司运营，而且是对供应链和价值链上下游整个的影响，所以现在在国际上特别是欧盟的企业已经开始做非常积极的法律和行政措施来要求企业做什么样的事情。比如循环经济，公司的产品所产生的废物和生产过程中产生的废物，要自己解决，否则要交很高的税。

三是对消费者的要求。人们消费要减少浪费，减少过度消费，使人能与地球母亲和谐相处。加强集体行动作用，包括人民和地方社区的集体行动，是以地球母亲为中心和非市场的方法来保护自然。土著人民和当地社区自发自愿保护和参与生物多样性的一些行为，这是社会资源，有了这些社会资源也会节省经济资源。

四是公平参与。保护不仅要靠保护地的体系，而且要靠保护地外的体系，特别是要认可传统区域。保护区域有大范围，也有小范围。所谓保护地外的保护，有企业、NGO 以及各种私营机构，但是最大的范围就是人民与地方社区，通常称为社区保护地。2007 年联合国发布报告，80% 的全球生物多样性是生活在土著居民土地上的，而土著居民人口占了全球人口的5%，所以 5% 的人口可能是在与 80% 的生物多样性共处。2005 年，曲麻莱措池村老百姓自己做保护、监测活动，保护区的全职员工只有9个，要保护 15 万平方公里的土地是做不过来的。在老百姓的意识中，他们跟我们的保护目标是一致的。保护区这些年一直持续基于社区的保护和监测工作，如 2011 年云塔村开始做岩羊和雪豹的保护，2021 年建立了社区保护地。这些工作，社区来做既有好的成效又顺应了老百姓意愿。云塔村从 2013 年开始监测雪豹，到现在 10 年了，当初最早做监测的时候，老百姓即使没有收益，他们是自愿的，完全是集体行动、志愿行动，村民踊跃报名参与。现在已经来过这个村子的雪豹有30多只，是全世界第一个把自己村子的雪豹数量数清楚的村庄。

平行论坛一：
高质量创建国家公园

时　　间：

2023 年 11 月 24 日下午

地　　点：

博学楼 3 楼校委会议室

主　　持：

张林江　中央党校（国家行政学院）社会和生态文明教研部副教授

青海省委党校（青海省行政学院）生态文明教研部学科带头人

发言嘉宾：

张文明　国家发展改革委经济体制与管理研究所副研究员、博士

李晟之　四川省社会科学院农村发展研究所研究员、博士

崔晓伟　山东省委党校社会和生态文明教研部讲师

李增刚　三江源国家公园管理局副局长

才让多杰　祁连山国家公园青海省管理局办公室主任

汪璟邦　青海湖景区保护利用管理局规划财务处处长

张林江　青海省委党校（青海省行政学院）生态文明教研部学科带头人

中央党校（国家行政学院）社会和生态文明教研部副教授

发言题目：

张文明：国家公园建设的重大意义

李晟之：大熊猫保护的历史和展望

崔晓伟：牢记使命担当　扎实推进黄河口国家公园创建

李增刚：以全面推进美丽青海建设为契机　奋力谱写新时代三江源国家
公园建设新篇章

才让多杰：祁连山国家公园青海片区试点期间工作汇报

汪璟邦：青海湖国家公园创建情况汇报

张林江：国家公园建设的本土实践理论探讨

国家公园建设的重大意义

张文明*

习近平总书记高度重视国家公园建设，亲自谋划推动相关工作，前后做了很多重要讲话，科学回答了什么是国家公园建设的问题，概括起来国家公园建设有以下几个重大意义。

第一，完善保护地体系制度创新。国家公园建设在自然保护三位一体中占主体地位，学习习近平总书记的重要思想，包括从国家生态安全的战略，特别是习近平总书记在青海的相关指示，搞好三江源试点，试点期间建设几个重要的工程等做了重要论述，如何高质量推进国家公园建设？从建设的情况来看，目前国家公园批了5个，未来的布局是远高于美国和世界平均水平的。就目前建设的现状来看，制度体系基本形成，一个是关于建立国家公园的总体方案，另外一个就是建立国家公园为主体的自然保护地体系的方案，这两个大的方案某种程度上是国家公园建设的四梁八柱的一个基础。管理体制初步建立，国家公园是一个新生的事物，我们三江源实行中央委托青海省具体分管，东北虎豹是中央直管，现在管理体制试点期间由三种调为两种，中央直管和中央委托地方管，管理体制从全国层面看已经初步建立，但是还有很多工作要做。

第二，理念创新。这几年从全国从世界来看，推进国家公园建设，理念深入人心，从顶层设计的角度还要继续完善国家公园制度体系，包括设立建设运行、管理等各环节的完善。继续把生态保护放在核心位置，如何在核心保护区、一般控制区搞生产经营活动，重点任务是和社区共管和协

---

* 张文明，国家发展改革委经济体制与管理研究所副研究员、博士。

调发展，包括如何搞特许经营等，都需要理念创新。

第三，健全保障体系。目前在自然资源领域、生态环境领域，中央与地方责任都有明确规定，国家公园建设要进一步调动两个积极性，特别是重要生态区域比如青海这类的地方，90%都是依靠中央转移支付，结合国家经济发展形势和未来经济形势，进一步健全国家公园保障体系。

第四，完善国家公园制度体系建设内容。从执法的角度来看国家公园，传统的执法条块分割非常明显，碎片化的特征也很明显，特别是森林自然保护地体系的执法。2018年按照军是军、警是警的改革方向，森林公安进行划转，整个林草系统转到公安系统，但是从林草本身来说改革之后，整个执法出现了不少新的情况甚至新的矛盾，有些地方甚至处于停滞期。传统的执法体制是无法支撑国家公园高质量发展的，基于此，如何看待国家公园执法的事情，通过调查，我们国家公园不管是5个还是未批复的以及正在报批的第二批国家公园，正式创建的国家公园和未来49个空间布局当中，基本上存在的问题就是执法没有法律的依据，缺乏上位法，队伍建设参差不齐，执法的协调配合机制不健全，基础薄弱，基本存在这几个共性问题，但是各个国家公园差异很大，国家公园执法体制如何看、如何办，就成为改革口很重要的问题或者抓改的一个突破点。当前国家很多领域都在推行综合行政执法，在国家公园领域又怎么来界定，主要还是资源环境的综合执法，随着执法内容的界定会进一步明确谁来执法，进一步明确主管部门。

大熊猫保护的历史和展望

李晟之*

人与自然和谐共生是我们的主题，大熊猫是人与自然和谐共生的物种，但人和熊猫是有距离的。我们国家关于熊猫和人的记录最早是在汉武帝时期，即中国历史上仅有的一例，将大熊猫陪葬在汉武帝父亲——汉景帝坟墓里。武则天时期，武则天把一对熊猫送到日本。中国对这些记录比较粗略，日本记录得很清楚，熊猫是怎么运送到日本？如何饲养？是比较清楚的，但熊猫在中国历史中鲜有痕迹，说明熊猫离人类很远。

一、科学研究

早期人类不认识大熊猫，是戴维在19世纪60年代的时候做了研究。当时他是一个民营企业家，自己在重庆成立中国西部科学研究院，就派出了科考队来找熊猫，然后抓到了活体，这也是找熊猫的历史。从1975年开始，国家花费大量资金做了四次大熊猫调查，基本上掌握了熊猫的数量和分布。关于熊猫的行为，1978年中外科学家在四川的卧龙对大熊猫的行为包括喜欢什么、是不是只吃竹子、他们成体是怎样、幼体是怎样、如何繁殖和带孩子、什么原因会死去等开展研究。1979年开始将圈养的大熊猫进行繁殖，对熊猫的研究还在深化。

二、大熊猫的保护

1963年中国开始成立了熊猫保护区，全国那时只有19个熊猫保护区。1978年，国家领导批示九寨沟为国家级自然保护区，从此开始有了国家级保护区、省级保护区的概念。1982年，国家开始对保护区进行调查，从国

---

* 李晟之，四川省社会科学院农村发展研究所研究员、博士。

家级、省级、县级开始。1988年，开始做熊猫保护区的管理计划，有熊猫保护区的总体规划，三年一次管理计划。之后，开始引入生态红外相机监测，用监测技术来指导巡护工作。

三、建立廊道

国家公园的景观保护，要建立连接不同区域的廊道，20年前在大熊猫栖息地就开始做这项工作。廊道的建设，2006年已开始范规，把野生动物的基因保护下来，做好迁地保护。还要做好就地保护，把动物园或者繁殖中心的熊猫送到野外进行就地保护。

四、大熊猫保护的政策

1938年，四川制定了关于熊猫和金丝猴保护的相关政策，这是我国最早关于野生动物保护的相关政策。新中国成立时国务院出台的文物保护条例里面提到了大熊猫需要保护，包括成立卧龙特区，以国家公园促进社区融合发展，县政府提出具体保护措施，1993年国家林业部在四川建立跨越三个县的保护区。

五、公共宣传

今年提到公共宣传自然教育，我认为"公共教育"只有"危机"，"危机"才能让公众真正受到教育。熊猫也经历了几次"危机"，第一次是20世纪80年代时竹子开花，那时让公众受到的教育就是开始关注到野生动物的保护问题，让公众对熊猫有了整体认识，实际是要靠"危机"的。后来1998年长江的洪水、2008年的大地震，让公众认识到城市里的生态安全是和大熊猫栖息地以及上游的森林是联系的，让公众认识到作为一个个体也是可以参与到熊猫保护的队伍中来。所以公共危机对熊猫的保护做宣传是起到非常重要作用的。

熊猫的保护包括未来大熊猫国家公园的保护，都必须要开展科学研究，只有科学研究才能很好地了解保护对象。制定公共政策，在公共政策制定方面要有突破，提升公众认知，在就地保护、科学研究等方面相互衔接，不同部门、不同机构之间相互促进。

　　未来，熊猫肯定会和人重叠度很高，每个月都会发现人和熊猫相遇。其实，举个例子，20世纪80年代末科学家追逐一只熊猫，是野生的，熊猫走到一个小村庄，老百姓在看电影，熊猫也停下来看电影，双方都没有什么干扰。这个可能也是我们未来国家公园建设的一个期望吧。人和熊猫的关系，关键还是政府部门与不同机构之间的关系，因此，需要建立一个多元共治的人与自然和谐共生的平台。

牢记使命担当
扎实推进黄河口国家公园创建

崔晓伟*

党的十八大以来，以习近平同志为核心的党中央在强力推进生态文明建设，把建立以国家公园为主体的自然保护地体系作为生态文明建设的重要内容，全面深化自然保护地管理体制改革。当前，国家公园在自然保护地体系中处于主体地位，是我们国家自然生态系统中最重要、自然景观最独特、自然遗产最精华和生物多样性最富集的部分，而且具有全球价值和国家象征性的显著特征。

2015年，国家发展改革委等13个部委联合印发了《关于建立国家公园体制试点方案的通知》，该方案的印发拉开了我们国家公园体制建设的序幕。经过多年的试点建设，2021年10月习近平总书记在联合国第15次会议上宣布我们国家正式设立了三江源、大熊猫、东北虎豹、海南热带雨林和武夷山这5个国家公园，进入了构建国家公园自然保护地体系的新阶段。

黄河流域是我们国家重要的生态屏障和重要经济带，为了确保黄河流域的生态安全，确保中华水塔的安全，在黄河流域源头设立了三江源国家公园，国家林草局印发了关于《国家公园空间布局方案》，遴选的49个国家公园候选区当中黄河流域有9个候选区，其中黄河口国家公园就是其中之一。

黄河口是中华民族母亲河黄河的入海口，由于入海口入海的相互作用形成大量的泥沙沉淀，黄河地区被称为共和国最年轻的土地，在世界范围

---

* 崔晓伟，山东省委党校社会和生态文明教研部讲师。

内也是河口湿地生态系统形成和发育演化的天然计步器，对海洋生态系统安全至关重要，被誉为海洋生物重要的种子资源库和生命起源地。黄河口地区保持了河口湿地生态系统的原真性、完整性和典型性，其生态资源禀赋和生态功能具有全球保护价值，当前黄河口地区被列入国际重要湿地名录，东营市也被评为了首批国际湿地城市。目前黄河口国家公园设立已经通过国家组织的专家论证，在公布的拟设立的第二批国家公园名单中，黄河口国家公园是位于首位。在高质量推进黄河口国家公园创建过程中，山东也是重点，主要从以下几个方面扎实开展创建工作。

一、坚持高位推进全程跟进落实

习近平总书记对黄河口区域生态保护工作十分关心，多次作出重要指示和批示。2019年9月，在黄河流域生态保护和高质量发展座谈会上指出："黄河三角洲是我国暖温带最完整的湿地生态系统，要促进河流生态系统健康，提高生物多样性。"2020年1月，中央财经委第六次会议首次提出要推进建设黄河口国家公园。2021年10月，习近平总书记在黄河三角洲自然保护区视察期间再次强调，黄河口国家公园、黄河三角洲自然保护区生态地十分重要，要抓紧谋划创建黄河口国家公园，进行科学论证并扎实推进。习近平总书记重要的指示精神，为创建黄河口国家公园，打造黄河流域生态保护地新标杆注入了强大动力，为我们的工作指明了方向，提供了工作的根本遵循。山东省委、省政府认真落实习近平总书记的重要指示精神，把黄河口国家公园质量建设作为重要的政治任务，列入了山东省委、省政府工作要点。山东省委、省政府的主要领导也多次到黄河口地区调研指导，并积极与国家林草局会商对接，山东省政府和国家林草局成立了以省领导任组长的联合领导小组，山东省自然资源厅也与东营市市委市政府成立了工作专班，共同推进黄河口国家公园的创建。我们积极向首批设立的5个国家公园学习经验，学习先进做法，积极探索黄河口国家公园的共建共管机制，组织编制我们国家首个国家公园候选区的国家空间分区规划，围绕巡护保护、生态保护、科研监测、生态研学等方面谋划了一批重点项目，总投资大约30亿元。我们重点规划了东营市现代农业示范区和渔业示范区等国家公园的入口社区，实施了黄河口小镇，盐碱地农业科研基地等相关项目，引导当地产业绿色发展转型。

二、坚持生态优先，促进人与自然和谐共生

在创建黄河口国家公园过程中，始终坚持生态优先，牢固树立尊重自然、顺应自然、保护自然的生态文明理念，站在人与自然和谐共生的高度谋划和推进工作。坚持走可持续发展之路，把资源环境承载力作为前提和基础，在绿色转型中推动发展，实现质的有效提升和量的合理增长。积极开展东方白鹳等重点物种栖息地保护，野大豆等原生的植物保育，以及贝类为主的水生生物恢复工作，目前创建区内鸟类的数量达到历史最高，让人们享受到大自然馈赠的美好自然环境为子孙后代留下了宝贵的自然遗产。同时，我们秉持"生态惠民、生态利民、生态为民"的原则，努力践行"绿水青山就是金山银山"理念，探索自然保护和自然利用新模式。通过生态产品价值实现路径研究，让人民群众在美丽家园中能够共享到自然之美、生命之美和生活之美。

三、坚持系统治理，筑牢生态基底

创建黄河口国家公园坚持系统思维，用保护生态的方法来治理生态，创新探索陆海统筹、系统修复、综合治理的黄河口湿地修复模式。当前，湿地保护修复工作投入13.6亿元，联通水系241公里，修复面积达到了28.2万亩。建立了年度科学生态补水体系，近三年我们生态补水超过5亿立方米，有效促进了河、陆、滩、海生态系统良性循环。组织开展了退耕还湿、退养还滩修复项目，形成了一次修复自然演进、长期稳定的良好修复湿地效果。同时，我们大力引进社会资本参与生态保护修复，按照调查评估、生态修复效果评估认定以及生态产品价值实现的路径吸引相关资本加入到保护的工程中。此外，我们建立了生态监测中心，构建湿地生态补水在线监测系统，对东方白鹳等进行实时监测，与气象、水质、土壤以及潮汐的相关监测数据整合起来，构成天空、地海一体化监测网络，科研监测能力得到了有效提升，筑牢了生态安全基底。

四、坚持问题导向，化解矛盾冲突

黄河口区域是国际鸟类的重要迁徙路线之一，当地的农田是鸟类的重要觅食区，海洋牧场也为人类提供了重要的海产品，而且这个地区有我国第二大油田，也就是胜利油田的主要采矿区，因此在创建过程中，黄河口国家公园在确权海域、养殖坑塘以及油气矿业面临一些问题。但山东省始终坚持以人民为中心，印发了《黄河口国家公园矛盾冲突处置方案》，统筹考虑黄河口国家公园范围内矛盾冲突的实际情况，按照先急后缓、先易后难、突出重点、有序推进的工作思路，坚持依法依规、分类处置的原则，组织技术团队、聘请相关法律顾问全程参与到工作中来。对创建国家公园矛盾的形成以及性质还有所在的区位进行逐一甄别，建立矛盾冲突工作台账，逐人、逐户、逐企业提出处置措施和相关的意见建议。在这一方面财政投入10个亿，采取生态补偿、设置公益岗位等措施来积极稳妥地推进矛盾冲突的处置。截至目前，财政部门已经下发了补偿资金5.8个亿，核心保护区内的矛盾冲突处置任务全部完成，一般控制区内相关的一些矛盾正在按照我们的方案有序推进，实现了矛盾冲突处置和群众合法权益保障双赢的局面。

五、坚持文化创新，强化保护意识

黄河口地区是集黄河文化、红色革命文化、石油文化等多元文化为一体的区域，在习近平生态文明思想的引领下，以黄河口国家公园创建为契机，依托自然景观和人文景观资源，以黄河文化、石油文化、红色革命文化为核心，合理布局了生态体验、环境教育等相关路线。利用黄河文化馆、黄河湿地博物馆、黄河三角洲鸟类博物馆等将黄河口国家公园打造成一个弘扬黄河文化、传承红色基因及讲述石油文化、传播生态文明思想为一体的科普宣教基地。当前，我们积极开展社区共建，组织资源服务和自然教育等活动超过200场，切实增强了社会公众及周边社区居民的生态体验感，大力推进共建共享。设立公益岗位75个，吸纳了部分油田职工参与到巡护管理当中。聚焦生态文明教育，高标准打造了天然柳林木栈道，百官湖湿地自然体验区等10个生态文明现场教学点，当前累计接待现场教学20余万人次，为宣传生态保护提供了良好场所，为黄河口国家公园创建赢得良好的社会氛围。

六、坚持完善法治，推进国家公园治理现代化

国家公园治理现代化的关键在于制度的法治化，要不断完善黄河口国家公园的法治体系。2021年12月，山东省政府办公厅印发了《山东省国家公园管理办法》《黄河口国家公园条例》列入了我们省立法计划，并且已经开展相关立法调研，积极推进黄河口国家公园的立法工作。制定了《黄河口国家公园生态管护公益岗位的管理》《访客管理》以及科研监测活动等9项配套管理制度，为国家公园创建提供了有力法律保障。积极推进国家公园现代化法治，在执法的环节我们坚持有法必依、执法必严、违法必究，严格规范公众文明执法，加大拓展国家公园利益群体，维护其切身利益等重点领域的执法力度。在司法环节，充分保障相关利益群体能够广泛参与到司法当中，加强人权的法治保障，努力让每个利益群体在每个案件中感受到公平正义。在守法环节，积极引导公众做国家公园法治忠实的崇尚者、自觉遵守者、坚定的捍卫者。通过两年的创建，山东省牢记习近平总书记的殷切嘱托，统筹谋划，高质量高标准推进黄河口国家公园创建，着力打造全国首个陆海统筹型的国家公园。

创建黄河口国家公园，与三江源国家公园在黄河流域形成首尾呼应，同时作为我们国家首个陆海统筹型国家公园，将大江大河流域的生态系统与海洋生态系统进行有机衔接、系统保护，为我们国家沿海地区打造生态保护区提供了山东方案。下一步，山东将继续抢抓黄河流域生态保护和高质量发展国家战略机遇，加快推进黄河口国家公园的创建工作，将黄河口国家公园打造成人与自然和谐共生的生态新高地。

以全面推进美丽青海建设为契机
奋力谱写新时代三江源国家公园建设新篇章

李增刚*

党的十八大以来，以习近平同志为核心的党中央以前所未有的力度狠抓生态文明建设，创新性的将生物多样性保护与国土空间规划相结合，推动落实生态保护红线制度，构建以国家公园为主体的自然保护地体系。

2021年10月，习近平总书记在生物多样性公约第15次缔约方大会领导人峰会上发表主旨演讲，宣布中国正式设立三江源等5个第一批中国国家公园，这标志着我国生态文明领域重大制度落地生根，也标志着三江源国家公园由试点全面转向建设的新阶段。近年来，按照中央的统一部署和青海省委省政府的具体安排，我们积极探索推进各项工作，国家公园建设也取得了新的进展，开辟了新的篇章。我主要从三个方面来进行报告。

一、深刻把握新时代生态文明建设取得的巨大成就

前不久，习近平总书记在全国生态环境保护大会上用四个重大转变全面总结了新时代我国生态文明建设取得的举世瞩目的巨大成就。三江源国家公园作为贯彻落实习近平生态文明思想的实践高地，是推进人与自然和谐共生现代化建设的有效载体，是高原高寒高海拔地区生态保护的治理生态。经过5年多的试点和2年多的建设，三江源国家公园基本构建起了统一规范高效的管理体制，初步形成了一套借鉴国际经验、符合中国实情、适应青海特点、具有三江源特色的国家公园治理模式，促进了三江源地区的管理之变、生态之变、民生之变、理念之变，有效实现了生态保护、民生

---

* 李增刚，三江源国家公园管理局副局长。

改善和经济发展的良性互动，为推进以国家公园为主体的自然保护地体系建设发挥了引领作用。具体包括以下几个方面：一是坚持顶层设计和基层探索相统一，建成基本完善的管理体制，构建基本完备的保护体系，形成基本规范的长效机制。二是坚持生态保护第一，水资源总量逐年增加，植被覆盖率逐步提高，生物多样性更加丰富。三是坚持人与自然和谐共生，生产生活方式明显改变，群众收入不断增加，生活水平逐步改善，幸福指数明显提升。这些年来不管是央视还是我们省上拍摄的纪录片，都形象地记录了国家公园建设为基层农民群众带来的巨大变化。四是坚持夯实社会发展基础，习近平生态文明思想深入人心，保护生态已成为普遍共识，牧民群众以国家公园为荣，自觉把生产生活与自然环境融为一体，发自内心的爱护生态环境，生态管护员按要求履行巡护管护职责。

二、持之以恒用党的创新理论指导实践，推动三江源国家公园建设高标准发展

党的二十大报告强调，要推进以国家公园为主体的自然保护地体系建设，一定要以习近平生态文明思想为指导，紧紧抓住牵动改革任务的各项关键点，以更高的站位、更宽的视野、更大的力度谋划和推动国家公园各项工作提质量、上水平。

一是坚持谋划机构设置，确保机构设置方案实现高效运行管理。经过多年探索，我们管理体系得到国家不同层面的充分认可。结合新一轮国家机构改革，三江源国家公园最终商定方案也正在审批中。下一步按照统一规划、统一政策、分别管理和分别负责的工作机制，统筹推进三江源国家公园包括青海省行政区划范围内各项工作，制订成三江源国家公园管理暂行办法。与玉树州建立联席会议制度，开展联审考核项目等工作，年度目标责任考核由管理局和自治州州委、州政府联合实施考核，构建各司其职、各负其责、齐抓共管的工作格局。

二是坚持以科学举措推进生态系统保护修复，把自然修复与人工修复有机统一起来，因地制宜，分区分类实施生态保护、退牧还草、退化草原、人工修复和黄河流域生态保护等生态保护修复项目。持续加强雪山冰川、江源河流、河湖湿地、高寒草地等源头生态系统的保护。制定实施《三江源国家公园垃圾管理办法（试行）》，推动玉树州全域无垃圾、禁塑减废和园区垃圾治理专项行动，实施三江源国家公园自然资源所有制委托代理机制试点，进一步划清职责边界，稳步推进三江源国家公园的勘界立标工作。积极与西藏自治区林草局沟通，优化完善《三江源国家公园勘界立标实施方案》。

三是坚持执法监测，筑牢国家公园安全屏障。与省直相关部门不断深化生态环境资源行政执法和刑事司法衔接工作，实现生态环境行政执法与刑事司法有效互动、有效互补和高效联动。联合省法院在可可西里管理处索南达杰保护站成立生态环境司法保护警示教育基地，全方位构建案件审理、司法宣传、生态修复、综合治理、司法保护体系。实施"天地空一体化"生态监测平台和"通导遥一体化"。加强监管执法平台建设，初步建立自然资源资产管理、项目全周期管理、确权登记与资源本底管理、生态价值评估和人类活动本底管理系统。开展自然要素和野生动植物等动态监测，与青海生态之窗实时观测数据共享，提升国家公园智慧化管理和科研宣教水平。开展多轮较大范围的联合执法专项行动，严惩破坏自然资源和野生动植物的违法行为，坚决筑牢国家公园安全屏障。

四是坚持以绿色发展推动人与自然和谐共生，深刻把握和处理高质量发展和高水平保护之间的辩证统一关系，增强系统思维、创新意识，坚定不移走生态优先、绿色发展之路，加快发展方式的绿色转型，实施全面节约战略，坚持生态惠民、生态利民、生态为民，积极探索生态保护和民生改善的共赢之路。修订完善《三江源国家公园特许经营管理办法》，利用自然资源和人文资源，结合功能分区，稳步推进昂赛大峡谷、鄂陵湖、牛头碑、索加乡、扎河乡等生态体验和环境教育特许经营活动，开展一户一岗生态管护公益岗位设置优化调整工作，持续落实管护员补助政策。推进野生动物争食草场损失补偿试点，出台《损失补偿绩效管理办法》，建立多渠道野生动物意外伤害补偿机制。同时，我们与太保集团、财险公司达成协议，每年向三江源国家公园捐赠生态管护员意外生态保险，今年把保费由原来32元提高到48元，最高的赔付标准达到50万元，进一步提高了生态管护员风险保障水平。

五是坚持宣传教育，广泛传播国家公园理念，充分发挥主流媒体的主导作用，展示生态文明建设成果，形成一批具有独特性和引领性的生态文化、实践成果。组织拍摄纪录片，由三江源国家公园管理局和青海云际漫步文化传播有限公司联合摄制的《山宗水源》荣获第十三届北京国际电影节短视频单元"美丽中国"板块最佳作品奖，拍摄的纪录片《三江源国家公园》荣获青海省第十二届精神文明建设"五个一工程"优秀作品奖。通过典型示范、展览展示、岗位创建等形式参与各类主题活动，讲好国家公园故事，目前三江源国家公园已经成为青海生态文明建设的一张亮丽名片，也是展示中国实践、习近平生态文明思想的一个重要窗口。

三、坚决扛起生态文明建设的重大政治责任，努力开创三江源国家公园建设新局面

习近平总书记强调建设美丽中国是全面建设社会主义现代化国家重要目标，必须坚持和加强党的全面领导，深刻阐明党的领导对生态文明建设和美丽中国建设的极端重要性，我们必须坚决扛牢生态文明建设的政治责任。当前三江源国家公园正处在转型关键阶段，我们要心怀"国之大者"，努力在美丽中国建设特别是青海生态文明建设中更好展示三江源国家公园的责任担当，着力打造美丽、魅力、惠民、开放、和谐的三江源国家公园。

一是全面贯彻落实总体规划，青海省委、省政府专题研究贯彻落实具体意见，修订完善三江源国家公园管理生态保护、生态体验和环境教育、产业发展等专项规划，结合自然资源确权等级试点、自然资源本体调查等建立自然资源管理体系。

二是统筹协调管理体制和机制等各项工作，积极推动机构设置方案，提前着手研究相关执行方案，推动落实青海省与国家林草局的联席会议制度，进一步建立和落实好青海西藏两省两统一工作机制，厘清自身职责定位，压实属地责任，更好地建设和保护三江源国家公园。

三是全面提升生态系统保护和治理水平，落实好全民所有自然资源所有者职责，履行和代理主体责任，严格执行草原禁牧休牧、草畜平衡、沙化土地等制度，完善本体调查，丰富数据库，进一步强化信息技术应用，提升"天地空一体化"生态监测体系，切实做好行政执法及森林草原防火、有害动植物防治等工作，加强宣传工作，讲好三江源故事。

四是推进生态保护与民生改善共赢发展。进一步完善生态保护公益岗位政策，巩固生态管护员公益岗位长效机制，加强草畜平衡、管理及研究，建立和完善生态保护补偿机制，妥善解决人与野生动物的冲突，积极探索生态产品价值实现路径。

祁连山国家公园
青海片区试点期间工作汇报

才让多杰[*]

一、祁连山国家公园生态价值

祁连山位于我国西北部，青藏高原最大的边远山区，地处青藏高原、蒙古高原和黄土高原的交汇地带，是我国西北乃至全国重要的安全屏障，同时也是我国生态安全战略格局关键区域，是三大沙漠的天然屏障。

祁连山国家公园园区内分布了祁连山地区70%的现代冰川，是黑河、疏勒河等河西走廊内陆河源头的主要分布区，是黄河上游中主要的水源涵养地，滋养着河西走廊、柴达木盆地及黑河下游绿洲等13.9万平方公里的区域，维系着我国西北生态的平衡。祁连山国家公园大面积的梯度差异显著，生态结构完整，类型多样的高山、高原复合生态系统是大尺度垂直典型代表，是生物多样性最多、最独特、最集中的区域，以青藏高原1.9%的面积孕育着青藏高原10.2%的维管植物和23%雪豹、野牦牛等野生动植物的重要栖息地。同时，祁连山是丝绸之路经济带和第三极生态保护的关键区域，保障了新亚欧大陆生态安全，是多系文化跨大陆交流的经济通道、文化纽带和战略通道。祁连山还是多民族的文化交融区，具有独具特色的"丝绸精神"、举世闻名的敦煌文化，传承着非遗文化遗产，对我国西南民族发展演变、地域文化形成产生至关重要的影响。目前祁连山国家公园总面积5.02万平方公里，青海省总面积是1.58万平方公里，占总面积的31.5%，甘肃片区是3.44万平方公里，占总面积的68.5%。

---

* 才让多杰，祁连山国家公园青海省管理局办公室主任。

二、祁连山国家公园生态建设

2016年8月，习近平总书记在青海调研时询问到青海的生态环境和雪豹等野生动物的保护情况，并要求各级党委要全面做好国家公园试点各项工作。2017年6月，习近平总书记主持召开中央全面深化改革领导小组第36次会议，通过了祁连山国家公园的方案。会议指出，开展祁连山国家公园体制试点要突出生态系统整体保护和系统修复，以探索解决跨区域、跨地区、跨部门体制性问题为着力点，按照山水林田湖草是一个生命共同体的理念，在系统保护和综合治理、生态保护和民生改善协调发展、健全资源开发方面积极作为，依法实行更加严格的保护，要抓紧清理、关停违法违规项目，强化对开发旅游活动的监管。

祁连山国家公园横跨青海和甘肃两个省，国家林草局派驻专家挂牌成立祁连山国家公园管理局，甘肃青海两省林草局分别加挂青海甘肃省管理局，在青海省跨两个州四个县，在海西州、海北州林草部门成立工作协调办公室，在县级林草部门分别加挂管理分局的牌子，依托林场建立了9个保护中心和4个保护站。青海与甘肃两省联合编制《祁连山国家公园试点方案》《科学考察报告》。2022年12月，青甘两省政府联合向国务院报送材料，今年7月份两省政府报送补充材料，目前有关工作正在有序开展。

三、祁连山国家公园高质量发展

按照习近平总书记对青海"三个最大"的要求，着力推动"三大高地+绿色发展"，即"生态保护高地、生态科研高地、生态文化高地+绿色发展"，打造"三大高地"是落实习近平总书记一系列的生态文明思想的具体实践，也是省委政策的解读和创新性的延伸。持续发挥林草作用，强化协同保护，开展多部门联合执法和州县联动执法，积极推动两省森林公安部门签订协议，开展联合执法行动。省法院设立生态环境司法保护宣传基地，与生态环境部门建立生态环境线索移交执法机制。加强科技能力培训，建立智能巡护体系，设立1749个国家公园的界碑，加强濒危野生动物的保护。不断提升能力建设，建成40个标准化的保护站，配备了50台巡护无人机，建立120人无人机管理队伍，配发巡护车辆和摩托车，1290名管护员，年巡护面积达到160万公里以上。

先后开展了自然资源生物多样性的本底调查，全面摸清祁连山国家公园的本底资源情况，园区内共记录高等植物1487种，野生动物401种，大型真菌203种，无脊椎动物679种，其中国家重点保护植物22种，重点保护动物96种，祁连山鸟类9种。先后为4只雪豹、38只黑颈鹤佩戴了卫星跟踪项圈，连续6年监测，祁连山国家公园青海片区雪豹种群数量估算为251只。做好国内雪豹相关研究，为物种的保护提供了理论依据。祁连山矿产资源非常丰富，素有万宝山之称，种类繁多，品质优良，青海78宗矿业权，目前全部关停和注销，拆除矿建建筑是206000平方米，复草复绿6700亩，编制完成祁连山国家公园青海片区矿业权退出及补偿机制，勘查开发现状。

积极探索构建社区发展新模式，落实乡村振兴战略，推动以"党建引领+宣传+教育+保护"的发展模式。成立青海省祁连山资源保护地创新联盟，青海祁连山片区横跨西宁市、海东市、海北州、海西州4个市州12个县，分布有7类38处自然保护地，联合青海省祁连山片区的38个保护地和34家主管部门，成立了创新联盟，签订了协同保护管理协议。召开了第一次秘书长会议及联盟全体大会。生态环境质量稳步向好，祁连山国家公园生态环境案件0发生，2/3以上的植被呈现整体改善，草地退化趋势得到遏制，各类生态系统健康稳定，水源涵养功能持续增强。

针对祁连山国家公园、自然资源和生态系统的特征，对生态系统的状况、生物多样性、生态承载力等开展调查和评估，搭建高质量的科研平台，获批祁连山国家公园长期科研基地，建成祁连山国家公园野生动物防护中心、2个生态监测站、首个西北地区森林生态系统的动态监测。深化科研合作，成立首批13个祁连山国家公园工作室，组建祁连山国家公园专家库，近300多名专家加入，先后有22家科研机构和34支科研团队开展合作，签订了相关协议，并申请专利27个，注册软件著作权5个，发布地方标准2项。

先后召开了祁连山国家公园生态科研高地研讨会，邀请19名知名专家做祁连山的相关主旨报告，并签订了合作协议。推动成立青藏高原雪豹保护联盟，青海省雪豹数量已超过1200只，联合96家单位成立了青藏高原雪豹保护联盟，召开保护联盟研讨会。

祁连山青海片区物质文化遗产类型丰富，涵盖古建筑、古墓葬、古遗址等重要的代表性建筑共有134处，发现新石器制品。开展合作交流，与8家单位签订了战略合作协议，举办首届祁连山国家公园青海片区生态艺术展、建设国家公园生态艺术沙龙、全国连环画青海型宣教活动，百名记者走进祁连山国家公园。

探索自然文学助力生态文学研究，签约47名知名作家作为祁连山国家公园的文学作家，正式成立祁连山自然文学学会，举办雪豹文学奖征稿大赛，对祁连山的保护给予正面有力宣传。祁连山青海片区签约摄影77名，270幅摄影作品展获国家国际大奖。

自然教育多点开花，设立首个生态学校在苏州挂牌，打造特色教育保护站，成立生态科普馆展示中心，获批全国科普基地。印发《祁连山国家公园青海片区自然教育体系建设实施方案》，举办了两届祁连山国家公园自然观察点，开发自然教育课程，举办自然教育课程设计大赛，开设线上展厅，开播线上课程。

开展宣传展示，与省内外30余家各级媒体紧密合作，构建网络宣传平台，网络直播、线上课堂、云上展厅等宣教成效显著，拍摄、播出祁连山红色篇和绿色篇，《黑颈鹤成长日记》专题纪录片获得2023年首届中国纪录片优秀长篇奖，雪豹纪录片《雪山的呼唤》在青海首播。推动祁连山国家公园高质量发展，探索祁连山国家公园生产特色产品和旅游产品，推动绿色发展，促进人与自然和谐共生。开展生态产品价值实现机制研究，发布生态产品价值核算及成果，完善生态产品、产业项目指导目录，编制祁连山生态旅游项目规划方案，依托生态科普馆、展陈中心、野生动物评估中心等开展生态体验和科普科研，带动周边牧民经济发展，累计接待人数达3万余人次。探索特许经营制度，编制项目规划书、特许经营试点项目管理转型办法等，为促进社区发展开辟丰富路径。

青海湖国家公园创建情况汇报

汪璟邦*

青海湖是我国面积最大的内陆咸水湖，被誉为"高原蓝宝石"，这里湖面开阔，水质清澈，令人向往。习近平总书记高度重视青海湖生态保护工作，2021年6月8日亲临青海湖仙女湾考察时提出："要把青海生态文明建设好、生态资源保护好、国家生态战略落实好、国家公园建设好。"习近平总书记为我们做好青海湖国家公园的创建指明了方向。

一、创建青海湖国家公园是践行习近平生态文明思想最生动的实践

把青海湖国家公园建设好是践行，习近平生态文明思想的青海实践。我们制定了《青海湖国家公园实施方案》，对照《国家公园设立指南》8个方面23项任务，细化了9个方面55项工作，并逐项落实，目前已经初步完成相关工作并上报国家林草局、国家公园局进行成效评估。

二、创建青海湖国家公园是贯彻国家生态战略最重要的抓手

我们树牢大生态、大环保的理念，开展本体调查，充分考虑生态旅游与生态保护之间的关系，科学谋划1+10+X的规划体系，优化体制建设，有序调解矛盾，使人与青海湖更加和谐共生。

三、创建青海湖国家公园是筑牢国家生态安全屏障的具体行动

青海湖流域是青海省生态安全的重要组成部分，是我国西部重要的水源涵养地，是维护青藏高原东北部生态安全和我国西北部大环境生态平衡的重要生态系统，是控制西北荒漠化向东蔓延保障了生态安全的天然屏障，生态地域非常重要。这几年，我们加大对青海湖工作资金投入，不断深入

---

* 汪璟邦，青海湖景区保护利用管理局规划财务处处长。

研究，加大生态保护修复治理。

四、创建青海湖国家公园是建设人与自然和谐共生最有效的途径

青海湖是中国最美的湖，是中国重要的国际生态旅游目的地，青海湖也是青海省生态畜牧业可持续发展的地区，是农牧业重点的提升区，在建设产业四地中具有重要的战略地位。根据生态旅游的实际需要，合理布局了12个景点，青海湖最高峰旅游人数一年达到431万人。编制完善了《青海湖国家公园生态旅游空间布局规划》《青海湖国家公园特许经营专项规划》等。

按照习近平总书记对生态工作的要求，我们在行动上、思想上不断对标，在执行力上坚决落实，努力把习近平总书记为青海湖描绘的美好蓝图变为美好现实。我们坚持生态优先，统筹山水林田湖草冰沙一体化保护和协同治理，筑牢生态屏障。绿色发展是我们高质量发展最浓厚的底色，我们秉承人与自然和谐共生，谋划发展走出一条生活富裕、生态良好的发展道路。

下一步，我们要做好以下几个方面的工作：

一是坚定不移贯彻落实习近平总书记关于青海湖保护的重要指示批示精神，处理好保护生态和发展旅游的关系，在保护和发展之间找到平衡点，绝不为了发展旅游降低要求，也不能破坏青海湖的生态环境。通过高水平保护，不断提升青海湖流域生态系统稳定可持续性，不断塑造发展新动能、新优势，持续增强青海湖内在的发展潜力和后劲。

二是加强生态保护修复，近年来，核心生态保护工程34个项目，投资达到32亿元。

三是注重顶层设计，加强规划建设。目前，我们制定了1+10+X规划体系，邀请北京3位院士和多位国家公园的院长等来参加会议，对规划进行论证，1+10+X规划体系得到了省委省政府的认可。

四是提升监测监管能力。鸟岛保护区建立的比较早，目前在青海湖核心鸟岛等地区设了300个探头，建立了监测体系，每年开展鸟岛慢直播活动，生态感知系统建设的项目目前正在实施。同时，省财政厅也加大了对青海湖国家公园建设的财政投入力度。

五是坚持绿色发展。逐渐做好青海湖国家公园创建，助力国际生态旅游目的地、绿色有机农畜产品输出地的建设，推动青海湖周边群众共同富裕，促进各民族大团结取得实质性进展。

国家公园建设的本土实践理论探讨

张林江*

从国家公园实际建设情况来看，政策和规划以及管理体系，中办国办联合印发的文件，国家林草局的文件，各个省的文件等，无论是从生物多样性，还是生态的安全性都有很大地提升，成效很大。

从法治进程来看，虽然没有国家公园法，但林草局有《国家公园管理暂行办法》，包括青海省一些配套制度的完善，在科技方面的遥感卫星、无人机、红外相机、传输网络都广泛得到应用，国家管理科学化、精细化水平也在不断提升。

从理论研究的角度看，我们国家公园的理论研究远远滞后于国家公园实践，反之，国家公园的实践遥遥领先于我们的理论研究。国家公园创建研究的深度有限，阐释性的多、研究性的少，对策性的多、理论性的少，重复性的多、突破性的少，跟踪性的多、前沿性的少。所以我们国家公园建设任务很重、时间很紧，包括2025年要怎么样做，2035年要怎么样做，因此，理论上得"加点油"。

一要加强研究的实践导向，国家公园建设实践性导向很强，不以实践为导向，不以问题为突破口肯定做不好研究。二要强化调研，祁连山生态移民，这几万人的生活情况到底怎么样，人与自然和谐共生情况如何，人和自然环境是怎样的演化规律，在这些方面应该多做一些综合性、追踪式研究。同时，特别要向其他学科学习，国家公园创建不仅是人文社会科学

* 张林江，青海省委党校（青海省行政学院）生态文明教研部学科带头人，中央党校（国家行政学院）社会和生态文明教研部副教授。

的事情，还是一个与生态学、植物学、动物学相关的科学，应该一起来做研究。最后，最重要的要一砖一瓦做起，形成自己的概念和范畴，共同携手，构建一套基于本土实践的理论体系。

提问1：国家公园体制自2013年首次提出以来，到现在已经整整10年了，在国家公园探索试点设立以及在创建过程中，全国各地结合自身实际和国家公园特点建立了不同模式、积累不同经验。黄河口国家公园在创建中走在前，而且是山东省唯一的国家公园，并且山东省是经济社会发展水平较高的省份，在现有国家公园建设的基础上，顶层设计管理体制特别是协调高水平保护和高质量发展，促进人与自然和谐共生方面，有什么创新做法和突破？

崔晓伟：黄河口国家公园在创建过程中，经济的发展与生态保护矛盾冲突是比较大的。分为核心区和一般控制区，在核心区内坚决把发展让渡于生态保护，在保护区里处理矛盾的时候，包括一些其他的项目在实施过程中坚持生态保护第一。在一般控制区内要提供相关特许经营，比如在黄河口国家公园成立相关的生态旅游公司，专门从事生态旅游活动。

提问2：随着三江源国家公园的完善，三江源国家公园的生态确实发生了质的变化，从长远来看，保护可促进人类命运共同体，从短期来看，最主要的就是人兽冲突，而国家也出台了一系列机制。围绕这个问题，今年国家林草局专门对人兽冲突方面的问题进行了调研，对当下人兽冲突的补偿机制起到怎样的作用或者优化作用，你们作为管理局对当前这个财产的补偿机制有没有调整的计划？

李增刚：人兽冲突问题，是现在在建的各类国家公园、各类保护区非常难以破解、难以避免的一个重要问题。如何统筹好保护和建设的问题始终是我们要着力破解的事，这些年我们做了一些探索。比如野生动物与家畜争食草场补偿试点一直在积极推进，有效的维护当地老百姓最基本的生活，包括补偿、饲草料的应急储备、建立跟踪监测体系等，围绕这些问题省上有专门的资金，建立相关的资金管理办法，今年省上拿出的资金是1000万元，用于破解野生动物与家畜争食草场的问题，包括熊出没、棕熊出没的问题。省上围绕这些问题建立了一些方法举措，如，陆生野生动物造成人生财产损失补偿试点方案，发挥了一些作用，但是如何从根子上有效的破解人和动物的冲突及伤害的问题，还要加强与其他国家公园自然保护区之间的联系，共同破解，统筹保护和当地发展，我们一起努力。

平行论坛二：
"两山"转化的理论与实践

时　　间：

2023年11月24日下午

地　　点：

新时代大厦八楼学术报告厅

主　　持：

郭云方　青海省委改革办副主任

发言嘉宾：

罗　琼　天津市委党校生态文明教研部副主任、教授

毛旭锋　青海师范大学地理科学学院常务副院长、教授

才吉卓玛　青海省委党校生态文明教研部副主任、副教授

高宠丽　平安区人民政府副区长

马玉洁　青海省海西蒙古族藏族自治州乌兰县生态环境保护局工程师

王　宁　贵德县人民政府副县长

土丁青梅　青海省玉树藏族自治州玉树市副市长

发言题目：

罗　琼：牢固树立和践行绿水青山就是金山银山理念

毛旭锋：湟水国家湿地公园生态价值核算及市场转化

牢固树立和践行
绿水青山就是金山银山理念

罗 琼*

党的十九大报告中，习近平总书记提出"必须树立和践行绿水青山就是金山银山理念"，二十大报告中，习近平总书记提出"必须牢固树立和践行绿水青山就是金山银山理念"，总书记关于"两山"理念的表述增加了一个词"牢固"，新时代新征程，树立和践行"两山"理念，为什么增加"牢固"，主要从三个维度进行阐释。

过去十年伟大变革当中，"两山"理念展现出强大的生命力，千万渔村在"两山"理念带领下走出了生态美、百姓富的绿色发展之路，是被实践证明了的伟大思想理论，所以必须"牢固"；从当前经济社会发展来看，必须保持生态文明建设战略，也要求牢固树立"两山"理念；从未来看，党的二十大报告提出，我们要建设人与自然和谐共生的现代化，站在人与自然和谐共生的高度发展，这也要求牢固树立和践行"两山"理念。

一、"两山"理念的科学内涵

绿水青山是指优良的生态环境，以及与优良生态环境相关联的所有生态产品和服务。金山银山是指经济增长或者经济收入以及收入水平相关联的民生福祉。

"绿水青山就是金山银山"关键在于"就是"二字，首先我们要准确理解"就是"。第一，"就是"表明绿水青山是有价值的；第二，"就是"阐明了绿水青山是重要生产力；第三，"就是"表明绿水青山和金山银山可以相

---

* 罗琼，天津市委党校生态文明教研部副主任、教授。

互转化;第四,"就是"要求"两山"转化中必须发挥主观能动性。

绿水青山是有价值的。按照传统马克思劳动价值论,我们知道价值来自生产劳动,抽象劳动是价值的唯一源泉。很长一段时间,以绿水青山为代表的高质量生态系统被看作是纯粹的自然产物,没有凝结人类劳动,比如清新的空气、原始森林等。"两山"理念的提出,意味着任何生态系统都凝结了人类的保护、修复、经营和管理的劳动,即使是没有人居住的原始森林也体现了人类现代经济社会发展的保护、修复活动,所以说,绿水青山既具有价值也具有使用价值。另一方面,"两山"转化必须发挥主观能动性,无论是绿水青山的培育还是金山银山的转化,都不可能自动实现,必须因地制宜发挥主观能动性和创造性。我们知道衡量经济发展和环境污染之间关系的指标,随着经济的发展,环境污染不断加剧,当经济发展达到一定程度出现拐点,环境污染自然下降,所以先污染后治理是必经之路。习近平总书记提出不能躺着等这个拐点,要特别防止一种误区,似乎只要等到拐点来了,人民收入或者财富增长就自然有助于环境的改善,如果这样做的话,最终结果就是绿水青山和金山银山都落空。所以必须发挥主观能动性。

金山银山也不会自动实现。根据各地的实际情况,积极探索生态场景价值实现路径。生态产品要想顺利转化,首先要从理论方面去研究它,它是有价值的重要生产力,可以相互转化的,必须发挥主观能动性。"两山"理论包含理论内涵逻辑和实践内涵。理论内涵,"两山"理论中表明经济发展和环境保护之间关系有三层含义。第一,"既要绿水青山也要金山银山",表明在保护好生态环境的前提下,绿水青山和金山银山是可以兼得的,两者是辩证统一的,所以习近平总书记告诫保护环境不应该舍弃经济发展,缘木求鱼,以经济建设为中心和以人民为中心不矛盾。第二,"宁要绿水青山不要金山银山",绿水青山和金山银山需要做出选择的时候,生态优先,绿色发展,留得青山在不怕没柴烧。第三,总书记指出"发展经济也不应该是对生态环境和自然资源的竭泽而渔"。绿水青山就是金山银山，表明两者之间是可以相互转化的，这是理论内涵。实践内涵方面，践行"两山"理念究竟怎么做？首先就是环境保护修复，党的十八大之后我们各地打污染防治攻坚战，对已经退化的环境保护修复，经过这么多年努力，环境质量得到了改善，蓝天白云成为常态，绿水青山保值增值了。另外一个重要方面，就是绿水青山如何转化为金山银山，生态产品价值实现已经成为践行"两山"理念的重大任务和优先行动，并且生态产品价值实现与习近平总书记一直强调的重大国家战略紧密相连，比如巩固脱贫攻坚成果、支撑乡村振兴战略、实现共同富裕。无论是理论内涵还是实践内涵，"两山"理念都是"三效合一"最终目的，实现生态效益、经济效益和社会效益三者的统一。

二、"两山"理念的天津实践

天津如何践行"两山"理念。天津以"绿色决定生死"的决心践行"两山"理念，守住生态护城河。2013年，习近平总书记在天津考察的时候提出了三个着力：第一，着力提高发展质量和效益，走绿色高质量发展之路；第二，着力保障和改善民生，让老百姓享有优良生态环境和优质生态产品的权益；第三，着力加强和改善党的领导，加快打造美丽天津。天津把"绿色决定生死"贯穿于发展的各领域、全过程。2017年将"绿色决定生死"赫然写入天津市十一次党代会；2018年天津市环保大会又再次强调。天津和青海相比，生态方面有劣势，生态资源不够丰富，天津以"871重大生态工程"为抓手，推动经济社会发展全面绿色转型，"871"是一个数字密码，"8"是875平方公里的湿地升级保护，"7"是736平方公里的绿平，"1"是153公里的海岸线严格保护，以"871重大生态工程"为抓手，全力打造守住生态护城河，从首都地图可以看出，南边低平原生态修复区中东南方向是生态短板，而天津恰恰位于东南方向。总体来看，京津冀生态区域总量不足，人均森林面积占全国平均水平30%，人均湿地占44%，森林占34%。看天津的地图生态保护空间格局，"三区两代中屏障"，天津承担着全力打造首都生态护城河的重任。天津优化城市空间布局，避免无序蔓延发展，目前，很多城市都是单中心发展模式，天津提出了多中心组团式的发展模式，比如中心城区和滨海新区是两个较大的组团，这两个组团之间绿色生态屏障，主要目的就是改变城市连片发展的状况。 还要协同推进减污降碳，实现碳达峰、碳中和。"871重大生态工程"一方面是固碳增汇，另一方面是减少碳排放，生态用地保护总面积市域国土总面积的25%。其中红线区面积占市域国土总面积的15%；黄线区面积占市域国土总面积的10%。通过这么多年努力，生态效益、经济效益、社会效益开始显现。

三、"两山"理念引领美丽中国建设新征程

党的二十大报告中，对未来五年推动绿色发展、促进人与自然和谐共生提出了四个方面的战略任务。第一，加快发展方式的绿色转型；第二，环境污染的防治；第三，生态系统的保护；第四，碳达峰、碳中和。结合党的二十大、全国生态环境保护大会的精神，从四个方面提出建议，第一是推进经济社会全面绿色转型是美丽中国建设的根本途径；第二是推进生态治理体系和治理能力现代化，这个是制度保证；第三是加快推进生态产品价值实现，这个是重要任务；第四是推进碳达峰、碳中和，积极稳妥推进是关键抓手。

第一个方面，推进经济社会全面绿色转型。一方面，减污降碳可以协同增效，从原来的"坚决打赢"，到现在的"深入打好污染防治攻坚战"。另一方面提出双碳目标，污染物排放和碳排放同根同源同过程，所以可以协同起来。

第二个方面，推进生态环境治理体系和治理能力现代化。有效的治理体系主要包括三个方面：第一谁来治理；第二如何治理；第三治理的怎么样。谁来治理就是社会多元参与，如何治理就是构建完善的治理机制，治理的怎么样需要考核评价。一要构建多元主体共同参与现代环境治理体系，解决谁来治的问题，即党委领导、政府主导、企业主体、社会各界共同参与；二要建立健全生态环境治理机制，解决如何治的问题，法律机制要健全，依靠科技，精准治污。三是加大生态环境治理监督考核力度，解决治理怎么样的问题。

第三个方面，加快推进生态产品价值实现。这是重要任务。"两山"理念"绿水青山就是金山银山"包括两个方面：第一，护美绿水青山，党的二十大报告的第三部分要求的提升生态系统的多样性、稳定性、持续性。另外，做大金山银山，护美绿水青山之后可以向金山银山转化，金山银山做大了，可以利用资金反哺，继续保护修复绿水青山。第二，做大金山银山就是走好两化路，即产业生态化和生态产业化之路。

第四个方面，积极稳妥推进碳达峰、碳中和。习近平总书记2022年在首都植树节活动上提出"森林是水库、钱库、粮库"，现在增加一个碳库。在"两山"理念的指导下，首先要做强碳库、把控碳源，另一方面做大钱库。增碳汇指护美绿水青山，把控碳源指控碳源减少污染，具体包括四个方面：能源体系、产业体系、生态体系、技术体系。最终通过做大钱库，利用碳市场建设，加快碳汇生态产品价值实现，最终实现双碳目标。

郭云方：刚才罗教授从三个维度为我们深入阐述了"两山"理念的科学内涵，介绍了天津市实践"两山"理念的宝贵经验，天津与决定绿色生死的决心做了，罗教授精彩发言为这次论坛开了个好头，大家和我一样受益匪浅，再次感谢罗教授。就青海来说，只如果只剩下一件事，一定是生态保护，我们如何坚持生态保护，坚决抗起源头责任，以实际行动践行"绿水青山就是金山银山"的理念，我们想请在座嘉宾围绕这个问题与罗琼教授交流互动。

提问：我们如何知道"两山"理念的方向是什么？

罗琼："两山"理念双向转化，一个方面就是绿水青山如何转化为金山银山，另一方面是金山银山如何更好的反哺绿水青山。绿水青山如何转化为金山银山，是一个非常大的题，生态产品价值实现绿水青山向金山银山转化，不是单靠政府实现的，要靠社会各界甚至专家学者的参与。比如说生态产品价值实现过程中，牵扯到很多方法学的研究，需要专家学者参与进去，要调动社会各界积极性，是一个系统工程。要做大绿水青山，要想实现绿水青山向金山银山的转化，首先得有生态家底，有生态资源这个前提条件。第二个方面大力发展绿水青山的内生性关联产业，绿水青山有了，就要想办法发展一切内生性关联产业，如生态观光、牦牛肉等，大思路做好"生态+"文章。加快制度创新，从政策上、营商环境上创新，只有制度效率高才能吸引人流、资金流、技术、专业的运营公司。

郭云方：谢谢罗教授经验分享，我感觉近期天津和青海两省有很多相似，甚至相通的方面，从理念来看，天津秉持绿色决定生死，青海坚持生态保护优先；从任务来看，天津是筑牢首都生态护城河，青海做好中华水塔守护人，都有重要的生态地位，承担重要的责任，天津的"两山"实践对于青海具有很好的借鉴意义。

湟水国家湿地公园
生态价值核算及市场转化

毛旭锋[*]

我分享汇报的内容是湿地保护恢复工作的进展情况。主要分为四个部分，第一，湟水国家湿地公园的概况；第二，如何评估生态系统价值；第三，湿地商业系统价值总量和格局；第四，湟水国家湿地公园的生态系统服务价值。

一、湟水国家湿地公园概况

湿地的定义有几十种，据观察甚至有将近上百种湿地。一般来讲湿地分为天然湿地和人工湿地两类，青海是湿地大省，湿地面积510万公顷，占全国21.86%，无论是二调、三调都是全国排名第一的。湟水国家湿地公园是位于城区的重要湿地公园，青海现有四处国际重要湿地，三处国家重要湿地，还有国家湿地公园，与湿地密切相关的祁连山、青海湖、三江源，包括已建成和在建的，都有相关的湿地公园，湿地类型非常多，总体面积很大，但是总体类型并不是特别丰富，主要以河流类、湖泊类的湿地为主。湟水国家湿地公园位于城市内，以湟水河城区段为主导，由海湖、宁湖、北川人工湿地组成，平均海拔2280米。包含一些滩涂湿地和人工湿地，总共面积508公顷，属于高寒城区，本身比较脆弱。这种情况如何把这个湿地打造好？如何建好湿地？如何发挥湿地的功能和价值？湟水国家湿地公园从2018年开始建设之后，到2025年的试点，已成为国家正式的湿地公园，其价值到底如何？价值分布情况怎么样？有多少人口享受湟水国家湿

---

* 毛旭锋，青海师范大学地理科学学院常务副院长、教授。

地公园的价值？影响其价值的影响因素有哪些？转化程度如何？带着这些疑问我们做了一些相关的工作。

二、如何评估生态系统服务价值

生态系统服务指生态系统形成和维持人类赖以生存和发展的环境条件和效应，或者说人类直接间接从生态系统服务获得的所有益处，湿地生态系统服务，顾名思义，就是湿地提供的、人类直接和间接享受的获益。

核算生态系统服务分为四种，供给服务、调节服务、文化服务、知识服务。我们将供给、调节和文化作为核算的基础，GDP核算与此也有一定关联。生态系统供给服务，具体而言，就是湿地提供淡水，当我们进入湿地，会感觉到呼吸的畅快，这是因为空气氧含量很高，而这属于大气调节服务，也是一种调节服务。文化服务方面，例如湿地内部产生的自然体验、自然教育、旅游、休闲等都属于文化服务，因此，我们整个的核算以供给、调节、文化服务为评估体系进行计算。这里的服务和一般意义上的不一样，我们每年给湟水做生态系统监测，湟水国家湿地公园鸟类有两百多种，生物多样性维持作用非常大，所有服务项目都是结合湟水国家湿地公园可以提供的相应的、比较重要的生态系统服务进行核算。

还有一些具体的评价方法，涉及市场价值法、意愿调查法。一是市场价值法。若能通过直接市场反应且有单价可以用市场价值法；没有相应的价值提供的时候，可能用一些其他的条件价值，甚至在没有市场价值的情况下可以直接用意愿调查法。二是享乐价值法，将生态系统服务作为房价的参数，房价会受湿地的影响，那么，到底有多少湿地价值被房地产价值体现出来？生态系统服务在空间上服务哪些区域的居民，或者说辐射的范围多大？可通过价格模型来测算，整个模型基于2020年的数据核算。整个的数据来源于整个湟水国家湿地公园的30个监测点、1300份问卷以及当年房地产价格。

三、湿地商业系统价值总量和格局

湟水国家湿地公园的生态系统价值的构成方面，我们基于12种方法算出了2020年湟水国家湿地公园的15项生态系统服务价值，总价格6.18亿元，也就是说，每年湟水国家湿地公园为我们提供的服务大概6.18亿元，单位每公顷价值是22万元/公顷，这里面最主要的生态系统服务提供主体是湟水河，同时不能忽略主要河道在生态系统服务中提供的支撑作用，所有的人工湿地都以这个为主体的。

第一，价值构成中，供给是很少一部分，比如水资源的供给，更主要的还是文化服务和调节服务，更多的是人类通过湿地公园里面享受到休闲和娱乐的价值，整个的价值链未来要转化的方向应该是文化和调节服务。

第二，生态系统服务的格局，这里有一个模型的假设，假设他的辐射是各向同性的，没有做不同方向受地形、人口、气候的影响，假设为同心圆，这个假设可以展现出核心价值和核心区域。空间化的展示为湿地生态系统保护和恢复提供了重要依据，能看出保护的核心区在哪里。可以看出，生态系统服务存在明显的溢出效应，它不仅仅是在湿地公园本身，也在外围提供了很多服务，其服务范围远超公园本身，为核心区价值的实现提供了较好的依据。总体来讲，核心区的正效应非常明显。

四、湿地生态公园服务价值

湟水国家湿地公园大概150元/每平方米湿地。算起来，其蕴含周边房地产价值3.36亿元。那么，这个价值是否已经通过房产体现了呢？实际上这里存在两个数据上的差别，3.36亿是当年一次性涵盖的房地产价值，相当于一次性体现了湿地价值。如果以湟水国家湿地公园每年的价值核算，按10年算，整个转化率不到5%，这说明整个湟水国家湿地公园真正被市场认可的程度较低，也就是说所谓的绿水青山转化为金山银山这部分价值目前非常低。现在还需要很多不同的核心要素和方法去实现生态系统服务的绿水青山向金山银山的转化。到底哪些因素影响生态价值转化服务呢？主要是文化和调节服务，占60%以上的因素，大部分人享受特定的文化和调节服务，构成了生态系统转化的基础或者价值转化的基础。

整个生态系统服务价值在2020年6.18亿元，2022年大概6.53亿元，每年提供6亿以上的生态系统服务。只要质量不出现严重下降，其价值都可以持续提供，周边房地产转化价值为3.36亿元，十年转化率不到5%，这一比例很低。周边60%以上的价值转化依赖于湿地生态系统的调节服务。湿地生态公园服务价值转换还有一系列的问题没有解决，具体的转化方式是一个系统工程，不是个人、企业或政府单方面的行为。

郭云方：谢谢毛教授，刚才毛旭锋教授为我们带来了一个案例，围绕湟水国家湿地公园生态价值进行如何核算，通过建模等一系列方式进行了探索，生态优势向经济优势转变既是一个理论上的热点，更是实践中的难点。在座各位想必也想迫切的希望和毛教授做一个交流，探讨如何转化这样的价值，有哪位嘉宾想要提问？

提问：湟水国家湿地公园生态建设对西宁经济高质量发展会有什么促进作用？

毛旭锋：湟水国家湿地公园对西宁经济有多大促进作用？从他的生态区位来讲是非常重要。第一，青海60%-70%的人口和经济集中在湟水流域，人口密度非常大，有些地方超过了发达地区的人口密度，所以人口密度这么大的地方有这样一条河，国家湿地公园对于区域里面经济发展提供很重要的自然资源，这个重要性不言而喻的。第二，湟水国家湿地公园是唯一一个位于青藏高原百万人口上的国家湿地公园，引领和示范带动作用不言而喻。如果湟水国家湿地公园可以探索一些新的方法，做一些示范，对于全省的相关的研究、示范、引领带动作用具有非常好的平台作用及窗口作用。湟水不只是西宁的湟水，还是全省的湟水，甚至是青藏高原的湟水，从这点来看意义非凡，湟水国家湿地公园价值转化、修复的模式、管理的水平，都应该走在我们省前列，对未来经济发展、社会稳定、高质量发展、高水平生活体现，都是一个很好的展示窗口。

郭云方：谢谢毛旭锋教授，在构建生态产品价值实现的制度框架体系，开展生态资产和生态产品的价值评估、推动 GDP 和 GEP 协同增长方面，我省有基础、有条件、有优势走在全国前列，毛旭锋教授的研究具有理论意义和现实意义，再次感谢毛旭峰教授。

从"两山"理论看
青海经济社会发展战略演进及启示

才吉卓玛*

习近平生态文明思想是当前推动生态文明建设的重要理论依据和思想指南,其中的核心理念就是"绿水青山就是金山银山",简称"两山"理论,实际上,"两山"理论是破解当前我国现代化发展中生态博弈的重要方法和根据。

"两山"理论并非一蹴而就,而是经历了一个重要发展阶段,形成了科学发展认识论。我们团队的研究就是从"两山"视角梳理和总结新中国成立70多年以来青海经济社会发展战略的演进。我们目的是从人类文明形态的高度去认识、审视当前经济社会发展选择的利弊得失,并从中汲取经验教训。在新阶段,更加自觉地贯彻落实习近平生态文明思想,并以此为指导,谋划好经济社会发展战略,选择好经济社会发展战略路径,具有重要而现实的意义。

一、对青海经济社会发展战略演进的梳理

首先,从"两山"理论视角下看青海经济社会发展历程,可分为三个重要的阶段。根据每个阶段的规律和特征,又将其提炼为黄色经济社会发展战略、褐色经济社会发展战略和绿色经济发展战略。

第一个阶段是新中国成立初期到改革开放这一个阶段,我们界定黄色经济社会发展战略。黄色即黄土地的代表的颜色,这一阶段的发展战略主要内容是以土地为主要生产资料,推动农牧业发展。梳理青海的经济社会

---

* 才吉卓玛,青海省委党校生态文明教研部副主任、副教授。

发展战略内容不难发现，青海省第一次党代会就狠抓农牧业的发展，在这一阶段，目的是为了解决最基本生存的问题。20世纪60年代后期，逐步建立了工业。在黄色发展战略的背景下，保护与发展之间的关系其实就是要在发展方面解决最基本生存问题，所以发展方式是传统农业经济发展模式。这一阶段环境认识水平比较低，经济发展处在生产环境的阈值之内，经济处于尚可持续的状态，这是"绿水青山换金山银山"的阶段。

第二个阶段就是褐色经济社会发展战略。褐色其实是2008年联合国环境规划署环境特别行动提出，应对气候变化从褐色经济转为绿色经济。褐色经济就是工业经济的代表，这个阶段是改革开放到2007年，这一时期经济社会发展的特征以传统工业为主体，建立了以资源环境过度消耗来追求工业发展的战略。基于社会矛盾的转变以及区域间的竞争加剧，我们的发展任务也有了明确的变化，走上了追赶式的发展道路。与此同时，我们的局部环境问题引起了政府以及青海省委、省政府的重视，所以经济社会发展战略逐步从上一个阶段以发展农业为主转向以发展工业为主导，并且在20世纪90年代末的时候构建起了青海经济社会发展的主要资源开发产业体系。在后半阶段资源开发为主的主导的经济战略当中，由于西部大开发战略中一些生态环境设计的影响，青海省第十次党代会设立了生态保护的内容。褐色经济社会发展战略这个时期，青海的经济发展实现长足进步，同时经济增长和生态环境与矛盾演化，局部环境退化和生态污染环境问题已经集中显现。这一时期，国家的政策以及地方的一些治理措施已经开始落实，所以这个阶段是青海"既要金山银山也要绿水青山"的阶段。

第三个发展阶段就是逐步将生态文明的理念方式内容融入经济社会发展战略布局当中，为此将其界定为绿色经济社会发展战略。党的十七大正式提出生态文明理念，青海经济社会战略中生态文明建设逐渐占据了主导地位，党的十八大以来在青海经济社会战略的设计和内容中，生态文明建设的战略地位从边缘走向了中心。这一阶段青海的经济社会发展取得了显著效益，体现在多重方面。经济方面，我们的经济总量不断扩大，质量稳步提升，产业结构不断优化。从2007年至今产业结构的变化也可以看到，三产不断变绿，高新技术的增加值逐渐上升。高新技术产业的增加值是2007年的5倍，生态环境方面的效应更是突出，国家公园的建设使整体生态环境、生态系统得到优化，这是有目共睹的。

所以，从三个阶段去梳理青海经济社会发展，从中可以得出一些规律。这三个阶段是对形势地不断认识和发展的过程，同样也是青海经济社会发展方式逐渐调整的过程，更是人与自然和谐共生趋于和平协调调整的过程。

二、70多年的演进历程得出的启示

70多年的演进历程得出很多有益的经验和启示，我们认为以下三点尤为关键。

第一个经验，深化省情认识对经济社会发展战略的制定有基础作用。回顾三个重要的发展阶段，当时经济社会战略的主要方向是依据当时省情界定的，第一个阶段，省情被界定为地大物博、一穷二白，发展方式、主导方向以农牧业为主；第二阶段界定为经济穷省、资源富省，发展方式、主导方式是以工业经济为主。2007年之后，生态环境保护的内容从重要任务到重要责任转向"三个最大"省情，这一时期青海经济战略中心转向生态优先经济发展战略方向。如今，"三个最大"省情是进入新时代后从全国的格局对青海省情最系统、最全面、最精辟的概括，从责任、价值多重层面概括总结归纳了青海的基本省情。这三者之间也是辩证统一的整体，尤其是生态价值和生态潜力之间的互动关系，实际上是"两山"的价值内涵。所以"三个最大"就是"两山"理论的青海版。在新时代、新征程中，持续制定科学的经济发展战略需要深化对"三个最大"省情的认识。

第二个经验，发展理念对于制定经济社会发展规划的作用，思想是行动的先导，思路决定出路，若要将"两山"理论贯彻到内容设计和实施过程中，首先要解决思想观念的问题，习近平总书记指出，保护与发展之间并排对立关系,关键在于思路。对于青海而言,"两山"转化进程相较于东部发达地区是缓慢的,成效也相对较少,关键原因在于生态理念没有牢固树立。两次环保督察信息明确提到了领导干部在贯彻新发展理念过程中存在偏差,对新发展理念认识不系统等系列问题。新征程中,推动青海践行"两山"理论,需要在思想观念上进行深刻变革,进一步推动思想解放和观念再更新,制定持续有效、长远的经济社会发展战略,从而引领青海走向真正的绿色发展之路。

第三个经验,要科学的把握"两山"当中蕴含的一些丰富的规律。不能简单地从概念层面理解"两山","两山"的内涵非常丰富,包括经济学的理论、生态学内涵以及社会学科的价值等,"两山"既是生态科学观,也是科学的价值观和发展观。在制定青海经济社会发展战略的时候,要全面的把握和运用贯穿其中的生态价值、自然经济价值和社会价值。从"两山"的转化主体来看,绿水青山转化为金山银山需做到以下几点:首先,尊重生态规律。绿水青山代表自然生态系统,是由各个要素组成的有机整体,具有整体性、完整性和结构性,各要素之间存在相生相克的规律,系统通过物质转化循环再生规律实现健康运行。资源、环境、生态都遵循其中的生态规律。其次,遵循经济规律。"两山"理论最终是为了转化为经济效应、发展产业。在制定经济社会发展政策时候,要把握其中的经济规律以及经济运行规律,同时注重遵循自然规律的基本道理。科学研判青海经济社会发展的实际规律,构建适合青海"两山"转化的路径。最后,遵循社会发展规律。"两山"揭示了人类进入生态文明社会后,人的发展和生态环境保护之间的必然联系。要实现"两山"转化,重要载体是人,最终要服务人民、实现人的全面发展。在经济社会发展战略设计过程中,要充分尊重运用和把握好生态规律,坚持生态惠民、生态利民、生态为民,依靠人民,发展为了人民,发展造福人民,保护好生态环境,提供更多的生产产品,满足人民日益增长生态环境方面的需要。

通过对青海70多年战略历程的梳理，我们深刻认识到，在未来，各级党委政府经济社会战略设计时，应充分深化对省情认识，牢固树立"两山"理论，兼顾"两山"理论中所涉及的生态规律、社会规律和经济规律。只有这样青海才能真正走上一条生态良好、生产富裕、生产发展的文明发展之路。

郭云方：才吉卓玛教授从历史维度和文明高度深入分析了青海不同阶段的三色发展战略，为我们展示了新时代、新征程青海经济社会发展战略的抉择，令人深受启发。理论从来不是无源之水，它是对现实的深度反映，也是对实践的经验总结。

平安区绿色生态助力高质量发展 探索"两山"转化新路径

高宠丽*

今天,我将以"探索'两山'转化新路径"为主题,与各位领导、专家进行交流。

一、"两山"基地建设的理论指导

作为基层政府领导者,我们所有工作都有非常明确的指导思想。在国家层面,党的十八大、十九大以及二十大对生态文明思想和"两山"理论进行了系统梳理,特别是在今年全国生态环境保护大会上,习近平总书记深刻阐述了党的十八大以来我国生态文明建设的四个重大转变,提出了继续推进生态文明建设必须正确处理的五个重大关系,明确了六项重点任务,对我们全面推进美丽中国建设做出了一系列系统部署。这一系列的重要指示以及指导思想凸显了党中央对生态文明和环境保护坚定不移、一以贯之的鲜明态度和坚定决心。在省级层面上,党的十八大以来,习近平总书记曾两次视察青海,强调把生态文明建设放在突出的位置来抓,并明确了青海的"三个最大"省情定位和全国大局中"三个更加重要"的战略地位,提出将青藏高原打造成为生态文明高地的更高要求。今年刚刚结束的全省环境保护工作会议上明确要求,打造生态文明高地是青海生态报国的重要目标,要求全省上下按照"干部要干,思路要清,律己要严"的要求,努力肩负起国家生态安全的重任,吹响了打赢生态环境保护攻坚战的集结号,充分表明了省委、省政府推进生态文明建设的政治站位以及坚定意志。在

---

* 高宠丽,平安区人民政府副区长。

海东市层面，市委、市政府高度重视生态环保工作，始终坚持生态优先，全面贯彻党中央、国务院和省委省政府的一系列决策部署，动员全市上下牢记"国之大者""省之大要"，坚持绿水青山就是金山银山，今年召开了全市生态环境保护以及高质量发展大会，为下一步的生态环保工作做出了一个非常清晰的定位。

从2017年开始，生态环境部开始遴选国家生态文明建设示范区以及"两山"实践创新基地。平安区2022年成为了全省第一个拥有两项殊荣的地区，先后通过生态文明建设工作荣获了三个"国字号"的殊荣，即国家生态文明建设示范区、全国农村人居环境整治激励支持县以及中国最具民俗文化旅游特色目的地。

二、实践路径

平安区探索"两山"基地建设的实践路径如下：区位优势方面，平安区有两个街道办事处、一镇五乡，111个行政村，户籍人口12万，在海东六县区处于相对核心的地位。从交通优势上来讲，东西南北贯通。自然资源优势方面，2010年首次发现了600平方公里的富硒土壤资源，在平安区769平方公里中占比达到了78%，是青海最大的天然富硒区。这些都是创建"两山"基地的优势。但是从短板弱项来看，平安区依然处于青藏高原和黄土高原的过渡地段，水资源相对贫乏，资源环境承载能力非常有限，生态环境较为脆弱敏感，属于西部欠发达地区，经济发展速度有待提升。基于以上条件，就对平安区生态环境保护工作提出了更高、更远的要求。"两山"创建工作是改善生态环境惠及全区的现实需要，也是主动融入"一带一路"的工作需要，更是积极推动重大基础设施互联互通，形成与全市、全省乃至西部地区同频发展大格局的时代需要，这也是创建"两山"基地实践路径的基本前提。

实现路径主要体现在以下几方面：在组织保障方面，成立了区委、区政府主要领导任组长、相关的县级领导任副组长、33个部门单位为成员的创建"两山"基地工作领导小组，通过强化领导、健全机构、深入调研确定思路,系统谋划并全面启动,广泛宣传营造氛围,全力开展创建工作。同时以集中宣传、专题辅导、举办培训班等多种形式,深化各级领导干部对于经济、生态环境和高质量发展深刻内涵,以及省情定位的认识,将生态环境保护优先理念贯穿整个经济社会发展的全过程。在生态环境分区管控方面,注重城乡统筹,积极推进新农村建设"三清三改"和老旧小区改造等工作,实现从城市到乡村统筹发展。在坚持产业融合方面,借着富硒资源,利用国家税务总部帮扶契机带动工厂就业项目,以及风力、光伏等发展项目,进一步促进两山基地创建与产业融合进行高度融合发展及转化。

三、典型的样板经验

平安区在"两山"基地建设中成果显著。一方面打造高原有机农产品的典范,推出区域公共品牌"平平和安安"及我们的产品;将4200亩荒山变成了"金山银山",实现生态经济人带动就业;在相对偏远地区发展光伏产业;打造平安4A级景区及在江西陇南市新开展民俗体验地。另一方面,"两山"基地建设的成果转化。将是富硒资源转化为生态农牧业,通过品牌化、规模化及品牌示范效应,带动老百姓创收,实现经济发展转型;发展生态养殖与光伏产业相结合的模式;通过文化引领、文旅融合,在2021年成功创建省级全域旅游示范区,打造了宜居宜业宜游的乡村旅游样板。生态环境保护是长期持续化发展之路,虽道阻且长,但行则将至,行而不辍,未来可期。

郭云方: 刚才高区长为我们提供的平安案例素材鲜活,范例生动,分享了生态农牧业三产融合和产业旅游等方面的平安案例,感谢高区长。

深度践行"两山"理论
谱写乌兰绿色可持续发展新篇章

马玉洁*

大家下午好，我汇报的内容是：乌兰县文旅赋能三产融合，深度践行"两山"理论，实践创新基地的创建总体情况。

一、乌兰县生态资源

乌兰县位于柴达木盆地东边，是古丝绸之路重要站点，是进疆入藏的必经之地，地理位置突出，素有"青海高原第一站"之称。乌兰县有丰富的盐湖资源。茶卡盐湖资源丰富，总面积105平方公里，储盐量达4.48亿吨，目前已探明的盐储量可供全国人民食用80多年。乌兰县还有丰富的风、光资源，茶卡镇的太阳能和风能资源十分充足，全年的日照时间长达2800-3100个小时，风能可用时间3500—5000个小时。此外，乌兰县还有丰富的旅游资源，茶卡镇的旅游资源十分丰富，有"茶卡天空之镜"和"茶卡天空壹号"2个4A级景区，有马文化、盐文化等独特的民族和地域文化。有孕育了美丽的西王母造福百姓的传说。茶卡镇生物资源也十分丰富，县内有牧草11类，种子植物43种，中药材289种，野驴、野骆驼、黑颈鹤等24种野生兽类，62种鸟类。

二、茶卡的转化典型案例

下面，我介绍一下茶卡的转化典型案例。我们在大量调研和分析的基础上，挖掘凝练出了4个具有典型代表性和可推广性的案例，

第一个案例：生态+旅游的典型——茶卡盐湖。茶卡镇依托资源禀赋，

---

* 马玉洁，青海省海西蒙古族藏族自治州乌兰县生态环境保护局工程师。

抢抓时代机遇，厚植生态优势，总结茶卡盐湖特色民俗、茶卡红色旅游典型经验，用生态产业化和产业生态化的模式强化生态资源保护，推动产业转型发展，形成文旅赋能、点绿成金、三产融合的转化路径，走出了一条具有茶卡特色的"两山"转化之路。茶卡盐湖是自然形成的天然结晶盐湖，形成了天然镜面，呈现出"天空之镜"的奇观美景，是青海四大景区之一，被《国家地理》杂志评为原生地区 55 个地方之一。我们积极践行"两山"理论，加强茶卡盐湖生态保护力度，继承发展传统民族文化，探索推动文旅融合发展，着力打造高原特色盐湖旅游文化产品，逐步实现传统采盐向特色旅游业发展的转变，"生态+工业"的旅游模式日益成熟。生态旅游方面。我们依托于"茶卡天空之境"和"茶卡天空壹号"两个景区，大力发展高原特色旅游业。其中，"天空之境"景区以自然景观和旅游为主，已得到联合国 5A 级景区名单认证，"天空壹号"是以沉浸式体验为主，现在申报创建国家旅游渡假区。茶卡盐湖成为青海省旅游的第一张金名片。随着旅游业的兴起，茶卡得到越来越多的关注。2019 年环青海湖国际公路自行车赛选择茶卡盐湖为新赛段，有力推进茶卡盐湖自然环境、风光美景，为文旅发展注入新活力。我们积极开发特色产品，利用生产线，丰富旅游内容，探索实现盐湖资源综合利用、产业多元化发展的转型道路。茶卡盐湖的华丽转身，带来了巨大的经济效益。2016 年—2019 年，茶卡盐湖游客量和税收显著增加，游客量从 195 万人次上升至 357 万人次，税收从 722 万上升至 3369 万。2020 年—2022 年受到疫情影响，税收达到 2555 万元，辐射带动周边的地区餐饮、住宿、盐加工等以服务业为主的第三产业快速发展，农家乐、家庭宾馆，文创产品等快速兴起。

第二个案例是特色民宿转型，发展特色典型。巴音村和茶卡村是多民族聚集的农业村，过去村民是以种植小麦、青稞，饲养牛羊为主，是茶卡镇的重点贫困村。2014 年人均收入只有 2000 元左右。2013 年和 2014 年先后搬迁到镇区后，农民开始依托于旅游业大力发展特色民宿。其间，巴音村和茶卡村积极探索"公司+合作社+农户"的发展模式，创新"互联网+"经营理念，不断加强环境卫生整治，依托盐湖资源快速发展民俗产业，以产业振兴助推乡村全面振兴，实现了整体脱贫。目前家庭宾馆达到286家，农家乐14家。脱贫前两村人均收入只有2000元左右，现在达到了20000元左右，呈稳定的增长趋势。

第三个案例是生态牧业典型——茶卡贡羊。茶卡羊生长在茶卡盐湖周边，牧草矿物质丰富，含盐量高，使得羊肉微微带有咸味，食用起来肉质鲜嫩、无膻味、不油腻，是国内牛羊肉产品中最耀眼的明珠，自古有宫廷贡羊的美誉。2013年，"茶卡贡羊"获得农业部农产品地理标志，2022年茶卡镇获批中国特色农产品优势区。近年来，茶卡镇针对过去牛羊散养、过度放牧导致草场被破坏的问题，通过草畜平衡、保护资源、鼓励合作经营、提升品牌竞争力、强化政企合作实现了羊的生态产业发展，塑造了典型。目前规模化、品牌化效益逐步凸显，在"合作社+农牧户+市场"的经营模式带动下600户居民每年获得500万元收益。2021年养殖6个核心区总数达到20万只，年产值达到两千万元。

第四个案例是红色+旅游典型，莫河骆驼场前身是西北政治委员会组建的西藏运输总队，历经70年的发展，艰苦创业，完成了随军进藏等任务，书写传奇的历史，塑造了奋斗精神。莫河骆驼场通过红色旅游、红色教育，做精骆驼产业，做细盐湖产业，让农牧旅特色优势产业齐头并进、融合发展，形成了红色旅游案例。莫河骆驼场效益主要分为经济效益和社会效益，经济效益中，一是游客量增加，进一步丰富旅游业态，2019年至今累计接待游客6万人次；二是解决了各单位人员不能参加党建教育、主题教育的困难，通过爱国主义教育进一步激发广大干部群众爱国爱党的热情。社会效益方面，莫河骆驼场不仅带动了当地农业经济的发展，为农牧民脱贫致富找寻了出路。目前带动职工190人，人均收入4.1万元以上，提供稳定岗位就业187个，农民合作社22个。

三、推广价值

一方面，实践创新基地有重要的推广价值。另一方面，习近平总书记提出"三个最大"省情定位，使得青海省生态环境保护被提到了前所未有的高度，并画出"四地"建设宏伟蓝图，高度契合全省各族干部群众发展愿景。我们争创"两山"实践创新基地，正当其时，意义非凡，旅游+探索实践生态价值转化有了先行经验，全要素、全产业的资源禀赋孕育着优势。

郭云方：乌兰县地处戈壁荒滩，2022年人口4万人，经济体量不大，GDP40个亿左右。近年来乌兰县在践行"两山"理论，着力推动绿色可持续发展方面花精力、下功夫，立足特色资源，积极探索生态产品价值实现机制的现实路径。

在保护中发展，在发展中保护
让贵德绿水青山惠及于民、造福于民

王 宁*

贵德县是青海省东部的一座小城，是省会西宁的"后花园"，黄河由西向东全长76.8千米，黄河水在贵德境内有了"黄河贵德清"的神秘和气质。近年来，贵德县坚持以习近平总书记生态文明思想为指导，立足"三个最大"的省情定位，恪守发展第一要务和保护第一责任，坚持以生态保护优先理念协调推进社会经济发展，加快建设产业"四地"，打造生态文明高地，以生态提升特色农牧业，引领生态旅游业，推动绿色产业诠释了由"绿"向"金"转变的贵德实践。

一、工作成效

贵德县将习近平总书记生态文明思想作为生态文明建设的根本遵循和最高准则，扎实推进生态文明建设，持之以恒开展生态文明示范地创建，实现了生态文明保护和经济社会发展双赢。

一是生态环境质量稳定向好。全县草地覆盖率达到了62.8%，森林覆盖率达到14.3%，城区绿化覆盖率达到了38.72%，人均拥有公共绿地面积34平方米，Ⅱ类以上水质达标率为百分之百，空气质量优良率稳定保持在97%左右，全县无污染地块，受到国务院督察激励。

二是生态经济指标显著提高。2022年实现地区生态总值达29.05亿元，人均可支配收入达到23382元，今年人均生态产品产值占比达到36.11%，绿色和有机农产品产值占农业产值比重为53%，生态旅游收入占服务业总

---

* 王宁，贵德县人民政府副县长。

产值达到了71.14%。

三是打响生态文化品牌。成功创建了国家卫生城市,荣获全国休闲农业与乡村旅游示范县、全国民族团结进步示范县、全国农村生活污水治理示范县、垃圾分类和资源化利用示范县以及2020年县域全生态百优榜等荣誉。

二、主要做法

一是坚持系统治理,守护绿水青山。坚持统筹做好山水林田一体化治理和保护,全面落实河湖长制、林长制等制度,扎实开展增绿、净水工作,高效落实草畜平衡、生态修复,推进湿地保护与修复、生物多样性保护、林业有害生物防控和防沙治沙等专项工程。持续提升生态环境综合治理能力,促进绿色高质量发展、高标准建设有机融合,实现全县全覆盖。全县30万亩天然林,442万亩天然草地得到有效的管护,绿色成为最靓丽的底色。

二是精准减污治污,夯实生态基础。深入打好污染防治攻坚战是贯彻习近平生态文明思想,践行"绿水青山就是金山银山"理论的具体举措。贵德县突出精准防治、科学治污、依法治污,深入打好水土污染防治攻坚战,坚持因地制宜、分类分区,落实综合治理措施,加大扬尘治理力度,强力管控烟花爆竹禁燃禁爆,巩固提升秸秆燃烧,燃煤锅炉的整治成果,推进城乡清洁,发展绿色交通体系。高标准完成县城的污水处理厂扩建项目,加强饮用水源地的规范化建设,积极开展入河排污口排查整治工作,深入推进化肥农药减量增效和牲畜养殖粪污无害化处理和资源化利用。14.5亩地实现有机肥代替化肥全覆盖,生活垃圾、污水集中处理达到91.5%,农村的生活污水治理村庄覆盖率达到97%,农牧区的卫生厕所普及率达到85.4%,全省首个农村智慧污水运营中心投入运营。

三是用好绿水青山打造金山银山。依托自然资源禀赋和区位条件,立足黄河流域生态保护和高质量发展,主动融入"产业四地"建设,围绕绿色有机农牧业、绿色清洁工业,高原文化旅游业三大特色优势产业,积极推进生态产品价值实现机制试点县建设,实现农业集约化、旅游全域化、工业具体化三产一体布局，探索碳汇权交易，黄河流域生态保护。补偿、生态产品调查监测和价值实现机制，谋划生态系统生产总值核算，推进产业生态化和生态产业化战略。因地制宜发展特色优势产业，实施产业发展项目39个。全县规模化养殖场43家，规模化养殖比例达到了20%以上，建成高标准农田14万亩，累计培育国家地理标志农产品8个，全国"一村一品"示范村1个，持续壮大文化旅游产业创业园生产规模，支持水电站技术改造、增容扩容，因地制宜开发太阳能、风能、地热等清洁能源，推进风电开发利用，培育扶持环保中小微企业10家。全县低耗能、环保型工业企业达到43家，成功打造国家级乡村旅游重点村11个，省级乡村旅游重点村4个。

四是坚持生态为民，提升人居环境。坚持以人民为中心，坚持绿色、科技、人文统筹的发展理念，以乡村振兴战略引领生态、生活、生产"三生融合"，紧抓美丽城镇示范省建设机遇，改善居民居住条件，强化城镇建设，打造美丽乡村，城镇发展潜能逐步释放。积极推进县城精细化管理，探索政府主导、居民自治、市场运作、社会参与的管理模式，对全县生活垃圾高温热解，农村生活污水实现第三方专业化运维，促使全县生活垃圾污水治理更加高效。13个村级道路建成通行，8个城镇老旧小区改造和4个传统村落建设项目全部完工，成功打造两个清洁乡镇、25个清洁村庄，高标准建成美丽乡村9个，打造省级乡村振兴试点村5个、绿色学校1所。

五是做好机制保障，护航绿水青山。贵德县坚持一张蓝图绘到底，高质量编制贵德县"十四五"规划、生态保护规划、环境保护规划、生态文明建设示范县规划，巩固"绿水青山就是金山银山"。实现创新基地创建成果，创新方案，深化制度保障，突出综合治理，推进高质量发展，提升生活品质，深化文明内涵，把牢发展方向。深化省内外先进技术的引进和合作，与中国环境科学院、中国地质大学等科研机构和高校建立合作，构建产学研一体化的发展模式。制定县级国家机关有关部门生态环境保护责任清单，落实党政领导干部生态环境损害赔偿制度，健全生态文明建设目标考评机制，生态补偿、污染源监控，信息公开等长效机制，全面落实生态环境保护党政同责，为“两山”转化提供坚强的制度体系保证。

三、下一步工作打算

第一是坚持多措并举，实施生态保护重点工程，第二是转变增长方式，优化生态建设产业结构。第三是继续致力于绿色转型，为产业发展提质增效。四是建立长效机制，保障生态保护持续推进。今后，贵德县将持续探索生态价值转化的机制路径，完善生态价值的核算评估应用机制，建立更加完善的生态制度、更加稳定的生态环境、更加绿色的生态经济，更加安全的生态空间、更加优质的生态产品和更加丰富的生态文化，让贵德这座高原“小江南”继续厚植绿水青山的生态颜值，提升金山银山的生态价值，在人与自然能动融合共生中做“两山”的忠实践行者。

郭云方：贵德是全国第三批国家生态文明建设示范县，最近又获批国家农业绿色发展先行区。王县长讲述的贵德做法，向我们展示了厚植绿水青山生态颜值，为黄河两岸地区探索“绿水青山就是金山银山”贵德经验。

坚守"中华水塔""源头责任"，
三江源吃上生态饭

——玉树市"两山"转化实践路径

土丁青梅*

玉树市是玉树藏族自治州州政府所在地，是玉树州政治、经济、文化的中心，地处三江源头，在全省有着极其重要的生态地位。玉树市处在自然保护区内，有"中华水塔"的美誉。长期以来，习近平总书记在玉树发展的不同阶段，先后提出了"让发展越来越好、让群众生活越来越好""过上健康、现代、幸福生活"等重大要求。这些年来，玉树市始终贯彻习近平总书记的指示精神，高效统筹生态文明建设。

一、主要做法及经验

一是厚植生态底色，推动绿色发展，人居环境实现根本性改善。

习近平总书记强调，青海生态地位重要而特殊，保护好"中华水塔"的责任重大，我们始终牢记总书记嘱托，全面推进降碳、减污、护绿增长，让绿色成为高质量发展的鲜明底色。持续开展生态巩固提升行动，统筹推进固土绿化，草原综合植被覆盖率达到67.74%，森林覆盖率达到17.03%。降碳方面，稳步推进清洁赋能，开展煤炭消费替代行动，同步加强大气污染质量，空气质量长期处于全国监测城市前列。减污方面，扎实开展全域垃圾和"减废"专项行动，加强城乡垃圾处理体系建设，推广应用塑料替代品，垃圾资源化利用率达到35%以上，认真贯彻习近平总书记关于打造

---

* 土丁青梅，青海省玉树藏族自治州玉树市副市长。

生态文明高地和产业"四地"建设的重要指示，立足特色区位条件，加强城乡环境高效治理和管理，谋划打造国家节能减排示范城市、国内生态旅游示范城市、绿色产业发展示范城市、高原智慧管理示范城市，立志以城市高品质建设推动产业高质量发展，努力实现生态和产业共生共利、融合振兴。

二是创新转化模式，凝聚奋进力量。打生态牌，走生态路，吃生态饭是我们最佳的路径。这些年，玉树市积极探索三江源地区生态环境保护的发展之路，并取得了一定成效。一是多途径助力产业转型升级，生态效益不断释放。综合养殖示范基地创立之时，建设牦牛标准化生态基地，推进养殖方式转变，基本形成以草畜建设、牲畜养殖、精深加工、市场营销为一体的现代农牧业产业体系。1500万亩的有机草场和十项农产品获得认证，知名度进一步提升。

三是全方位推进全域生态旅游，推动"两山"转化。围绕打造国际生态旅游目的地核心城市这一目标，主动融入全域旅游布局，实施六要素体系工程，探索三江源自然生态体验、康巴人文、自然探索科考等旅游发展模式，利用高原促进文旅体融合发展。

四是建立健全长效体制机制，确保"两山"转化更有底气。建立健全充分发挥各级河长作用的机制，确保每条河流都有专人管理，将全市森林、草原、湿地等多个生态领域先后纳入补偿范围，为5978亩生态管控园发放补偿资金1.24亿元。这里特别要分享的是，2021年3月7日，习近平总书记参加十三届全国人大四次会议青海代表团审议时动情地说："你讲到玉树市，勾起了我的回忆。我在玉树地震灾区看到一个海拔4000多米的村子，那里破坏还是很严重的。"而如今，这个村子各项基础设计完善，特色经济产业稳步发展。期间，开发特色旅游项目，并建立了度假村，带领游客体验原汁原味的牧民生活，了解游牧文化。同时普及生态环保知识，2022年人均可支配收入达万元以上。这个村子地处青海、四川、西藏三省交界，海拔3500米，是玉树市含氧量相对较高的地方，自然景观丰富，基础设施条件落后，村子共有1283人，曾经贫困户有116户。在政策支持和群众参与下，充分利用区位优势，经过近几年的努力，在乡村建设方面取得了显著成就。建成康养中心，推进民族项目，将长江漂流纪念碑等资源要素融入乡村旅游当中，相继实施了青稞种植基地、农家乐等新兴产业项目。同时，动员村内人才回乡，发展手工艺品制作、乡村生态旅游，走出一条农文旅互通的新路径，成为宜居、宜游之地，增加了村民收入。2018年4月份，这个村子被评为青海省27个乡村振兴战略试点示范村之一。从开展人居环境整治到现在的基础设施完善、环境优美、宜居宜业的美丽乡村，实现了美丽环境向美丽经济转变。

二、下一步工作计划

下一步，我们将在党委政府领导下，以学习贯彻习近平新时代中国特色社会主义思想主题教育为契机，全面贯彻落实党的二十大和地市党代会精神，紧扣奋斗目标，持续统筹抓好环境保护、绿色产业发展和乡村全面振兴的工作，继续打造示范城市，努力建设人与自然和谐共生的先行区，奋力谱写新时代健康、现代、幸福生活的新篇章。

郭云方：土山变青山，传统产业变绿色产业，展现了玉树市担当，贡献了人与自然和谐共生的玉树市智慧，为守护玉树市"中华水塔"的贡献力量。玉树市的经验告诉我们，环境恶劣、条件艰苦并不影响出经验、出思路、出模式。

今天的专家和领导的发言，理论观点鲜明，实践案例鲜活，与会同志互动积极，反响强烈，提供了大量智慧成果，论坛取得圆满成功。协同推进生态高水平保护和经济高质量发展，是党的二十大的重大决策部署，是建设现代化新青海的现实需要，只有抢抓机遇、真抓实干才能将习近平总书记为青海谋划的宏伟蓝图变为现实。"绿水青山就是金山银山"既要有深入的理论研究，也需要党政部门的支持，更需要广大干部的辛苦实践。听了三位专家的发言和四位地方领导的介绍，我们对省委关于"生态保护不是不要发展、加快发展不是大干快上"的要求有了更加深刻的理解，归纳起来就是生态的"绿含量"越高，发展的"含金量"越足。协同推进高效生态高水平保护和经济高质量发展，实现这个目标就要坚持以习近平总书记生态文明思想为指引，用改革的思维、改革的办法践行两山理论，不断创新生态价值实践路径，以清洁、有机、绿色为方向，向着可持续、高质量、现代化方向努力，努力探索人与自然和谐共生的现代化青海实践。

平行论坛三：
推动经济高质量发展

时　间：

2023年11月24日下午

地　点：

新时代大厦七楼多功能厅

主　持：

　　时红秀　中央党校经济学教研部政府经济管理教研室主任、二级教授
　　　　　　博士生导师

发言嘉宾：

　　阎荣舟　青海省委党校（青海省行政学院）经济学教研部学科带头人
　　　　　　中央党校（国家行政学院）经济学教研部副教授、博士
　　何　鸿　海南省委党校经济学教研部副主任
　　倪　敏　海东市委党校经济教研室主任、高级讲师
　　鲍延云　青海省文化和旅游厅规划建设处处长
　　纪辉宗　青海省农业农村厅发展规划处处长
　　时红秀　中央党校经济学教研部政府经济管理教研室主任、二级教授
　　　　　　博士生导师

发言题目：

阎荣舟：推动青海经济高质量发展

何　鸿：建设国家生态文明试验区　助力海南高质量发展

倪　敏：依托兰西城市群构建海东现代化产业体系展

鲍延云：坚持生态保护优先　奋力打造国际生态旅游目的地

纪辉宗：坚持生态优先　走生态农业强省之路

时红秀：以高质量发展构建青海国际生态旅游目的地

推动青海经济高质量发展

阎荣舟[*]

各位领导、专家位，大家好：

今天上午，我们有幸聆听了各位专家关于推动经济高质量发展，以及高质量发展和高水平保护之间统一的精彩论述。下午的讨论环节要侧重如何推动高质量发展。首先有请阎荣舟教师。

今年，以青海省委党校为核心，联合全省各级党校成立了全省党校智库联盟，联盟每年设立一项重点研究课题，第一年重点研究课题的内容为推动青海经济高质量发展。当前，在发展问题上，无论是从国家宏观层面，还是从某一个领域的中观态势，以及企业所面临的微观发展形势来看，都面临着严峻的挑战。

青海"三个最大"的省情定位，即最大的价值在生态、最大的责任在生态、最大的潜力也在生态。如今面临的挑战是如何将生态转变为发展的各项指标和优势。在转变过程中，结合习近平总书记对于青海的指示、批示精神，建设青藏高原生态文明高地要着力地抓好两个走在前列，一是国家公园建设，二是筑牢中华民族共同体意识。同时，要坚持"三个三"定位，即"三个最大""三个更加重要""三个先行区"。"三个更加重要"实际上指青海对于国家生态、国家能源以及国家整个经济发展的安全具有重大意义，我们在循环经济、生态文明等方面的建设以及民族团结方面的先行区建设，都应该走在前面。主要通过两个路径来定位，一个是"四个扎

* 阎荣舟，青海省委党校（青海省行政学院）经济学教研部学科带头人，中央党校（国家行政学院）经济学教研部副教授、博士。

扎实实"，一个是产业"四地"。

党的二十大以后，在以中国式现代化全面推进中华民族伟大复兴的战略进程中，青海要奋力谱写新篇章。从省委十四届四次全体会议中可以看到，对未来进行了战略谋划，重点在于主动融入和服务国家战略、发展大局，把青海的资源能源优势变成产业优势、经济优势。在融入新发展格局的过程当中，要做好高水平的对外开放，成为习近平生态文明思想的实践高地，也成为"双碳"战略新型新试引领性标杆任务的完成。

青海的经济经过长期的辩证运动，取得了显著的成效。尤其是新时代以来，无论是经济总量、经济结构还是人均收入，民生方面都有长足进步。实现了由工业化初期向工业化中期、从总体小康向全面小康发展，生态环境也由全面恶化向整体性、系统性好转转变。改革开放方面从原来全国末端，逐步的在"一带一路"建设中走向前沿。不得不说，青海的经济发展目前面临的制约条件还比较多的，自身发展的主观努力在一些地方还做的不够充分。

一、青海的经济发展目前所面临的制约条件

原来的投资拉动所形成的边际价值出现快速递减情况，在发展过程中，发展效益受到了冲击。基于高原的地理条件以及地广人稀的现实制约，发展过程中要素的集聚性。以及在要素集聚过程中形成的产业链和产业集群难度非常高，这导致了产业生态化、生态产业化能力不足、创新驱动乏力，转型速度不够快，开放水平虽有一定基础但仍还不够高。整体表现为发展差距在一定意义上仍在扩大，尽管这种扩大已经处于底部形态。将青海与全国进行比较，青海的人均GDP占全国的比重角度来看，目前约为0.7%，最高的时候为1%，在计划经济时代曾超过1%，但自改革开放以来保低于1%，在1996年之后持续下滑，2007、2008年开始止跌反弹。从居民人均收入来看，占全国比重略好，大致是农村72%，城镇75%，差距比较大。若要在2035年和全国同步基本实现社会主义现代化国家建设任务，就需在这

15年里每年保持在7.3%的GDP的增速；若以30年计，在2049年全面建成社会主义现代化强国的时候，青海GDP的增速达到全国的平均水平，每年需要大致6%的增速。但目前全国GDP的增速大致在4%—6%之间波动，这就要求青海在全国4%—6%的一个中高速区间接近高速增长。而青海现在发展是内源式的，资源要素和地理环境不太支持高速增长，所以必须处于开源的发展状态，将生态优势转化成经济发展优势，还有很长的路要走。

青海内部发展高度不平衡。人均GDP最高的是海西，其次是西宁，海东、海北、海南包括黄南处于同一水平系列，略有高低，大致接近人均4万，海西是将近20万，差距较大。这是因为产业结构和区域分布不平衡所致。在这种状态下，青海经济发展虽有生态优势，但也面临着各种劣势。

二、未来的产业发展方向

中国式现代化具有人口规模巨大的一个特征。但对于青海来说，反而是人口规模过小，自身需求拉动动力是不充分，所以第三产业尤其是消费服务业长期动力不足，需要外源支撑。那么未来的产业在哪里呢？第三产业要发展，应着生发展生产性服务业，而生产性服务业的发展离不开第一和第二产业的高质量发展。全国处于工业化后期，青海处在工业化的中期，有一定优势条件，但在人才、技术、核心动能方面仍不充分。9月18日，全国公布了2023年研发统计公报，全国研发强度为2.54%，青海是0.8%，仅占全国的三分之一，这意味着我们需要开源。但是，自己新动能的储备和未来的态势又存在一定压力。在此基础上，青海高质量发展战略主要需处理好全部与局部、发展与保护、固稳与求进、融合与特色之间的关系，通过循环发展，将资源和能源优势转化为发展优势和经济优势。在党的领导下，更高水平处理好政府和市场之间的关系，尤其要实现比较优势发展，推动一系列重大关系的改变。按照创新、内需、安全发展、开放发展、乡村振兴、区域协调等方面去推动产业链不断拓展，产业集群不断涌现。必须搞好内需扩大、现代化产业体系的建构、乡村振兴、区域协调、科技创新、民营经济以及更高水平的开放，尤其应打造更高质量的民营经济。全国民营经济呈现是"5、6、7、8、9"的特点，青海的民营经济为"4、5、8、8、9"，贡献度低于全国的平均水平。在这样的基础之上，关键是要通过比较优势的产业四地去推动现代化产业体系的完善建构，才能使未来向好发展。

在发展过程中，青海的8个市州需协同努力，各自从自身特色出发。西宁应作为全域式的、全产业链条、完整系统发展的火车头，走在前做表率。海西在产业"四地"建设中产业形态较为完整，盐湖产业和在新能源产业，支撑力度强，应成为主战场。海东、海北、海南、黄南应发挥在现代化农业支撑方面的作用，推动更好发展。果洛和玉树州应基于绿色发展推动自身产业链和产业集群建构，实现发展空间格局日益合理。在此基础上，确定一条战略持续推进。从当前全国乃至世界的发展来看，离不开青海。青海既是青海人的青海，也是中国的青海、世界的青海。基于这样的战略性判断，大美青海未来可期。但这一切必须从主体革命开始，即青海人要通过学习改变自我，推动新发展动能的建立，从而实现高质量的发展，谱写中国式现代化青海新篇章。

建设国家生态文明试验区
助力海南高质量发展

何　鸿[*]

海南是自贸港，生态文明是海南的招牌。习近平总书记在博鳌亚洲论坛2018年年会开幕式上提出"探索建设中国特色自由贸易港"，赋予海南省"三区一中心"的战略定位。"三区"即全面深化改革开放试验区、国家生态文明试验区、国家重大战略服务保障区；"一中心"指国际旅游消费中心。生态文明是发展的前提，是基础性要素，若生态搞不好，游客可能就不愿来。当然，海南有一个情况，那就是天赋高，很多东西即便不刻意为之也比许多地方要好很多。正因如此，海南更应加倍努力，才对得起这份天赋。

一、建设国家生态文明试验区过程中取得的成绩

海南省生态环境质量保持全国一流。以空气为例，去年优良天数比例为98.7%，正常来讲，应接近100%的优良率。就PM2.5而言，目前已降到13以下，去年的数据约为13。海南省有一项标志性工程——热带雨林国家公园，于2021年正式获批。习近平总书记去年4月份考察时，非常关心热带雨林国家公园发展及长臂猿的保护经过多年努力，长臂猿数量增长到37只，属于高度濒危物种，因此还有很多工作要做。热带雨林国家公园还肩负着促进经济发展的功能。另一项标志性工程是打造清洁能源岛，重点强调清洁。比如清洁能源装机比重，去年已达76.3%，而全国大概是47.3%，高出将近30%。要做到这一点，主要是大幅降低火电，大力推广核电、光伏、

---

[*] 何鸿，海南省委党校经济学教研部副主任。

风电。预计到2035年，装机比重达到94%，发电比重达到81%，火电基本上用于保基础、做调节。清洁能源岛作为一项标志性工程，走在了全国前列，这样的装机比重，在全球都处于较高水平。海上发电在海南省潜力较大，约有5000万千瓦潜力，但发电产业链不长。因此，海南将上游的加工、研发引进来，不仅发展海上风电，还要打造自己的风电产业链，在风机装备制造、海底电缆、钢结构制作、大功率发电技术研发、海上制氢、飘浮式海上风电制作、安装、运维方面打造全产业链的风电产业，实现既保护又开发。海南省全力推出新能源汽车，在充电桩等基础设施上大力发展。新能源汽车对空气质量的提高也是一项功不可没的举措。

二、下一步的重点任务

下一步将以更高的标准搞好污染防治的攻坚战，打好环保基础设施投入，强化农村土壤、人居环境系统治理，充分利用好热带雨林这个"国宝"，向世界展示中国国家公园建设和生物多样性保护的丰硕成果，一体推进山水林田湖草海生态系统保护与修复。推进环岛高铁、高速公路沿线的绿化、美化、净化。一是积极探索补偿机制，让保护者得到补偿。二是争当"双碳"工程的优等生，在碳达峰、碳中和方面要比全国大幅提前，打造试点森林碳汇、海洋碳汇、零碳园区。

做好习近平总书记交代的相关事项。打造好热带雨林国家公园，解决好体制、机制和政策方面存在的问题，开展保护长臂猿专项行动，尽快扩大其种群数量。发展生态旅游，开展碳库建设，习近平总书记强调了位于东海市海上博鳌以及博鳌东屿岛零碳示范区的创建。预期到2027年，PM2.5降到10左右，优良天数继续保持在98%以上，地表水达到好于三等水比例在95%以上，森林覆盖率62.1%以上，臭氧浓度控制在120微克/立方米以内，推进全省GDP的核算和应用。今年前三季度增速是9.5%，仅次于西藏9.8%，2020年和2021年综合算全国第一，预计未来二三十年，可能是全国省级城市中发展最快的地区。就生态文明建设和高质量发展的关系而言，重点发展四大产业，即旅游业、现代服务业、高新技术产业、热带特色高效农业。这四大产业完全与生态文明契合的，符合生态绿色发展的方向。

时红秀：谢谢何老师，介绍了海南自身的异禀天赋，这个条件其他地方无法相比。海南省的生态建设只要保护好、少出错，自然就会建设好。海南是我们全中国沿海当中生态条件最好的一片海，但是它的海洋生态保护情况压力挺大。海南的生态与青海以及全国其他地方比，都是另一番风貌，往往是和马尔代夫、夏威夷等地方相比较。海南下一步建设自贸港的时候，也要同全世界一流的自贸港进行比较。

依托兰西城市群
构建海东现代化产业体系展

倪　敏[*]

大家好！今天我向大家汇报的内容由四个部分组成：第一部分，海东市依托兰西城市群构建现代产业体系，阐述目前发展阶段的特征。第二部分，在调研过程当中，结合各个领域存在的问题深入分析与探索。与兰州和西宁相对比，明确海东市在建设现代化产业体系过程当中面临的短板和不足，以及这些短板和不足的制约作用，具体体现在哪些方面。第三部分，基于现有的理论分析的水平，提出相应的对策和路径。

一、海东市构建现代产业体系的基础条件和优势潜力

海东市在整个青海省的对比条件下具有相对的资源优势，即地理条件的优势。海东市地处青藏高原东部，是青海省的东部门户城市，也是进入青藏高原的首站。处于兰西城市群的核心黄金腹地，地理位置优越，是整个开发区的中间环节。能够起到连接兰州和西宁市的桥梁和纽带作用。

第一个方面，经济实力正在不断提升。海东市在全省范围内算是相对落后的地区，经济发展水平欠缺。但是近10年来，经济增长速度虽呈逐步下滑态势，但经济总量在不断攀升，2022年地区生产总值已达到562.79亿元，是10年前的2倍。全体居民的人均可支配收入由10年前的1.1万元上升到现在的2.3万元，人均可支配收入增长速度达到了8.2%。更为可喜的是，海东市的城市化率在不断提升，10年前只有27%，十年后已上升到42.53%，目前，海东市经济发展现状较10年来有了非常大的进步。

＊倪敏，海东市委党校经济教研室主任、高级讲师。

第二个方面，经济结构在逐步优化，海东市是传统的农业大区，但在向现代生产方式转变的过程中速度欠缺，起初的三大产业结构比例是1∶2∶3，后期经过不懈努力，通过新兴工业化的不懈带动，目前海东市三大产业比例由1∶2∶3过度到2022年的3∶2∶1，产业结构形成了较为合理的比例。更重要的是，三大产业都有极大的发展和进步。第一产业方面，目前农业基础地位正在持续巩固和加强。农产品的总产量达到了1632万吨，粮食蔬菜产量占到了全省的48.4%和48.3%，对全省起到了决定性的供应作用。在第二产业领域当中，工业企业中规上企业达到了101家，比10年前增加了20家，二产增加值也比10年前增加了2倍。第三产业方面，高新轻优产业正在逐步绽放活力，在起步的状态就展现出了带动能力。同时，以乡村旅游为代表的旅游业作为新的切入点做到了文旅融合，从而促进第三产业的快速发展，产值在整个地区生产总值当中的比重占到了45.3%，真正在整个地区生产总值增长的过程中起到了主引擎和主动力的作用。旅游业对区域经济的带动作用日趋明显，这也意味着海东市经济结构日趋科学化、合理化。

第三个方面，基础设施的建设取得新的进展。目前海东不断加大基础设施建设力度，形成了内畅外联的交通体系。

第四个方面，改革开放进一步深化，海东在发展过程中与外部联系逐渐密切，比如与中关村、中国浦东干部学院、无锡市、深圳市建立了深度战略合作关系，并且与国内23所一流高等学府达成了合作协议，这是海东市进一步对外开放，加强协作的重要成就。

第五个方面，生态保护优先。海东市作为东部生态水源涵养区，高度关注生态保护。目前森林覆盖率达到36%，水质标准化达到了100%，绿色发展指数位于全省第一，生态安全保护屏障非常牢固。

在外部发展环境上，海东市所处的地理位置、所具备的农副产品的资源优势以及特色产业的相对优势，加上国家西部大开发以及乡村振兴战略对西部地区的倾斜性的政策，对海东而言都形成了非常好的优势，让海东具备了发展更强大的发展潜力。

二、在构建现代体系当中所面临的一系列的短板和不足

一是产业支撑体系非常薄弱。从纵向比例衡量，海东的发展确实达到了前所未有的高度，但从横向对比来看，海东市地区生产总值在全省当中所占比例仅有15.6%，和西宁、兰州相比，差距更大。经济总量更是先天不足。

二是产业发展水平低。无论是农业、工业还是第三产业，尽管目前成绩斐然，但总体来看与西宁、兰州对比差距非常显著。有一个形象生动的比喻，笔架山，海东市就属于两个核心城市中间的低洼地带，在产业发展水平上尤为凸显。产业发展要素的支撑不足，产业链体系不完备两区四县在构建自己的主导产业时并不是很清晰。海东市无论是农畜产品还是工业品都存在共同的短板，产业链非常短，技术附加值低，上下游产业之间衔接不紧密。很多工业企业，甚至是农产品加工业，形成了两头在外的现状，原材料来自于外地，销售的产品也投向外地市场，三产融合度欠缺。主导产业具有同质化特征，发展优势不突出。现在海东尤其是农业领域出现很多优势特色产业。但每个地区特色农产品之间的突出优势在哪里？比如互助的马铃薯、化隆的马铃薯和乐都的马铃薯之间对比，尽管品质都很高，淀粉含量高且口感好，但三者之间有什么区别，优质体现在哪里，没有明显区分。乡村旅游业在发展过程也出现了同质化重复，导致市域范围内各个产业相互之间恶性竞争、相互消磨，发展优势不突出。优势农产品供应链不完整，难以产生集聚效应，对周边辐射带动作用无法显现出来。

三是科技创新动能有限。这是海东一个突出的短板，也是全省的一个共性缺陷所在。高端人才很难引到，虽然有柔性引进措施，但难以满足发展需求。城乡一体化发展缓慢，农村人口仍有70多万，生活水平低，生产条件差，城乡之间二元格局依然存在，一体化进程非常缓慢。绿化转型比较慢，传统产业占比高，高新轻优这个产业在整个地区生产总值中所占比

例只有12%。区域经济外部协调能力欠缺不论是吸引外资建立工厂、设立产业，还是从人们的消费水平或消费能力释放角度来看，都存在着虹吸效应影响深刻的现状。

三、下一步路径选择

一是构筑现代化的产业基础，加快形成优质特色的产业集群，同时加强智力支撑与科技支撑，统筹城乡协调发展，加快新型基础设施建设。数字经济的到来给产业发展提出了更高的要求和标准，在数字化与产业化融合的过程中，如何走出一条更好的发展道路需要进一步思考。

二是坚持绿色化导向，推动传统产业进行绿色化转型，同时要加强对外交流与合作，利用各种平台在各个领域全方位展开合作与协调。

三是加强政策保障。

时红秀：我谈谈几点感受。一是研究国内区域发展的方法论中，占突出地位的方法论很少有经济学的，社会学的相对多一些。社会学和经济学有很大区别。社会学是在产生一个现象后，就现象说现象，描述数据和图表；经济学是研究清楚原因，即为什么会产生现象、没产生又是为什么，所以方法论不一样。二是希望所有这些研究要逻辑自洽。比如海东市相对西宁市、兰州市是洼地，这不一定是坏处。从经济学方法论角度问为什么会这样？如果海东和兰州、西宁一样，恐怕不是正常现象，因为要素是极化的。三是产业链发展中，两头在外其实有好处，原料在外、市场在外，说明我们处于全球新发展格局中。但产业链在本地要延长，若整个发展格局变成本地化、区域化、分格化，就会出现非常重要的问题——虹吸现象。虹吸现象是市场规律，资本从来不跑错路，资本不来，人才肯定也不来，其他要素也不来，需要问的是资本为什么来和为什么不来？这正是经济学能发挥作用的地方，对于一个地方的研究可能会更精准。

坚持生态保护优先
奋力打造国际生态旅游目的地

鲍延云*

大家下午好！下面我将汇报一下我省近两年来打造国际生态旅游目的地工作推进情况。

一、工作进展情况

2021年3月7日，习近平总书记在参加十三届全国人大四次会议青海代表团审议时，首先提出了打造国际生态旅游目的地这个命题。2021年6月9日，习近平总书记到青海考察时提出，要突出高原特有的资源禀赋，积极培育新兴产业，加快建设"四地"，其中就有打造国际生态旅游目的地。习近平总书记提出要求后，青海省委、省政府高度重视，提高站位，认真谋划全省打造国际生态旅游目的地工作，这两年重点从八个方面进行了聚焦、发力。

（一）出台了一批政策文件。2021年11月16日，青海省人民政府与文化和旅游部共同联合印发了《青海打造国际生态旅游目的地行动方案》，这个文件从六个方面提出了28项具体措施，同时也明确地提出成立各部省共同打造国际生态旅游目的地领导小组。领导小组的组长是文化和旅游部部长、青海省省长。副组长是文旅部和省内的分管领导，成员是文旅部7个司局，省内17个厅局，总共组成了领导小组。2022年2月份，省政府办公厅根据行动方案印发了《打造国际生态旅游目的地行动方案任务分工》。这个任务分工从七个方面安排了32项重点任务，要求全省相关厅局和各市州落实重点工作。2022年9月，打造国际生态旅游目的地领导小组办公室印

* 鲍延云，青海省文化和旅游厅规划建设处处长。

发了《青海省打造国际生态旅游目的地2022-2025年工作要点》和《领导小组意识规则》。省政府办公厅印发了《打造国际生态旅游目的地青海湖示范区创建工作方案》，通过这些文件的出台，为我们打造国际生态旅游目的地提供了政策保障。这也明确地提出了一些方法路径和目标任务。

（二）召开一批重要会议。2022年8月份，省政府、文化旅游部在西宁召开打造国际生态旅游目的地领导小组第一次会议，对全省打造生态旅游目的地进行了安排部署。今年5月4日，省委、省政府主要领导在青海湖现场召开了全省五一假期市场秩序及保障工作会议，针对全省旅游旺季到来的旅游市场保障和青海湖示范区的建设做了讲话和安排。今年7月5日，召开省委全面深化改革委员会第21次会议，专门研究打造国际生态旅游目的地的工作，同时邀请全国著名的三位专家针对打造国际生态旅游目的地进行了现场授课。省委、省政府首次提出全省的生态旅游发展，建立"一心一环多带"的生态旅游发展战略布局。7月7号，省委又召开了青海湖国家公园创建和国际生态旅游目的地青海湖示范区创建专题会议，提出了在规划的引领下，在不搞大开发，要搞大保护的前提下，发展全省的生态旅游，创建打造国际生态旅游目的地青海湖示范区。这些会议专门研究全省打造国际生态旅游目的地的推进工作，表明了省委、省政府对这项工作的高度重视，也为全省发展生态旅游、打造国际生态旅游目的地指明了方向，提供了遵循。

（三）提出了一个发展战略布局。7月5日省委省改会上，省委、省政府提出了全省"一心一环多带"的生态发展旅游布局。省委、省政府提出后，文旅厅及时组织全省有关专家、工作人员人员对"一心一环多带"的发展战略布局进行了深化研究。初步确定"一心"是以西宁为中心，完善省会城市旅游服务要素建设，打造集散中心和门户枢纽；"一环"是在青海湖国家公园建设框架下，以青海湖为中心构建环湖精品生态大旅游圈；"多带"是重点打造极具青海特色的生态旅游带，从而明确了打造国际生态旅游目的地的发展思路。经过研究，初步提出了4条旅游带，北进祁连旅游带，针对海北方向、祁连，围绕甘青旅游大环线，小环线；西出昆仑旅游带，针对海西昆仑文化和甘青大环线、江源旅游带，针对三江源地区、果洛、玉树、黄南部分地区，提出以三江源国家公园生态旅游和特许经营为主，集合浓郁民族文化为一条旅游线；第四条是河湟旅游带，西宁和海东结合河湟文化的一条旅游带。

（四）开展了规划的编制。省委、省政府提出要规划先行，以规划引领生态旅游的发展，提出"1+N+X"生态旅游规划政策体系概念。"1"是打造国际生态旅游目的地总体规划，"N"是几个专项规划。以总体规划为纲，"N"个专项规划为支撑，"X"个政策措施为保障，坚持总体规划与专项规划相衔接，依托省内外各类专家智库力量，征求各市州、部门意见，形成规划编制合力，提高规划的前瞻性、引领性、针对性、操作性和实效性。

（五）创建了一个示范区。打造国际旅游生态目的地，今年在青海湖示范区创建上投入1.6亿，对基础设施建设、道路改造、生态旅游服务水平进行了整体提升。

（六）提出一个景区的建设目标。到2023年全省建成5A级景区10个，4A级景区50个。

（七）推出了甘青旅游合作机制。8月7日，青海省委和甘肃省委主要领导共同在民河禹王峡调研黄河流域生态保护和高质量发展，提出要利用甘青大环线，加强两省之间的旅游合作机制，建成机制共建、资源共享的甘青旅游合作机制。

（八）整治一批旅游市场乱象。针对青海湖私开景区的问题进行了整治，现在已经基本整治完毕。对于全省旅游旺季当中的乱象，不规范经营现象，形成联合执法的机制，与各相关单位统一联合执法。

二、存在的问题

一是，发展基础还比较薄弱，各地的工作进展不平衡。二是，特色资源挖掘不够，目前全省5A级景区很少，只有4家。多数景区缺少文化的内涵。三是，产业融合深度不足。产业链条短、规模小，缺乏大型的文化旅游企业和文旅融合。四是，设计建设相对滞后。五是，宣传推广有待加强。州市县没有形成合力，没有精准的宣传推广目标。六是，人才队伍短缺。

三、下一步打算

一是坚持政策规范引领，通过顶层设计规范的编制，进一步明确方向、目标，细化路径、强化措施。二是加快旅游产品跟进，推进茶卡盐湖5A级景区建设，加强省级旅游度假区、自驾车营地建设，加大乡村旅游供给产品研发。三是推动产业转型增效，加快建链补链，丰富生态教育、科考探险、健身休闲、民俗体验、高原康养等新业态，壮大关联的产业，促进产业发展，优化营商环境，加强与省内甚至国际知名旅游企业合作，开展文旅企业招商引资。四是建立健全工作机制，建立旅游智慧调度保障、旅游市场联合整治等工作机制，加强旅游市场监管整治，维护旅游者的合法权益。五是夯实基础，拓宽空间，推动文旅深度融合，促进吃住行游购娱要素升级，提升服务水平，拓展存在空间，吸引全国乃至全球游客来青海旅游。六是加大宣传推广，瞄准京津冀、长江三角洲、珠江三角洲以及港澳台等客源市场，通过宣传推介，把优质的客户引进青海，为大美青海增加人气。

坚持生态优先
走生态农业强省之路

纪辉宗*

党的二十大报告提出，加快建设农业强国，扎实推进乡村产业振兴、人才振兴、文化振兴、生态振兴，为农业农村现代化的发展指明了方向和目标。绿色发展是农业、农村现代化的重要方式，提高农业竞争力是建设农业强国的核心。

产业"四地"是习近平总书记对青海工作的科学定位，是推动青海高质量发展的重大战略，总书记提出打造绿色农畜产品输出地，这对于三农工作者来说既是发展的期望，也是重大任务。从2021年以来，输出地由农业农村部和青海省人民政府共同打造，农业农村部和省政府共同印发了行动方案和专项规划，围绕这个方案和规划，统筹推进输出地的打造。

农业农村部坚持高质量发展，应以习近平新时代中国特色社会主义思想为指导，深入贯彻党的二十大精神，牢牢把握习近平总书记和党中央对青海工作的重要定位，完全、准确、全面贯彻新发展理念，以生态优先、绿色发展为导向，突出高原特色，以打造绿色有机农畜产品输出地为目标，保障粮油供给。在保障粮食供给方面，青海在全国虽不是主产区而是平衡区，全省的粮食产量是110万吨，而全省人口需求量是220万吨。农村人口口粮自给自足，但城镇人口口粮全部需外运。青海的特色是草原生态畜牧业，在保障粮食供给的过程中，要大力推进构建多元化食物体系，统筹发展。

* 纪辉宗，青海省农业农村厅发展规划处处长。

党的二十大报告提出建设农业强国，在农业强国建设中如何找准青海的定位？四川省、江苏省、河南省提出了农业强省，青海省怎么做？考虑到青海生态重要性以及农业总量比较小、基础比较差的实际情况，要走一条以产业生态化和生态产业化为主的生态农业体系，奋力走出一条生态农业强省的路子。

一、拓展绿色有机新空间，抓好绿色有机农畜产品输出地的"四区"建设

从2021年习近平总书记提出打造绿色有机农畜产品输出地以来，我们已经做了大量的工作，省委十四届四次全会上又提出要拓展绿色有机发展的新困境，打造高品质的农产品生态优势区、整域绿色循环发展先行区、高原特色产品发展集聚区、输出能力升级拓展的示范区。"四区"建设是对我们打造绿色有机输出地的新要求，可以说是对这几年创建工作的一个深化。

下一步我们输出地怎么样打造？省委已经绘就了蓝图，指明了方向。要以提质稳量、补量扩速为路径，围绕品种品质提升，品牌打造和标准化生产做优做强特色产业。青海的特色产业很明显，有牦牛、藏羊、青稞、油菜、马铃薯、枸杞、高原能量蔬菜。围绕特色产业，构建现代农业的生产体系、产业体系、经营体系，推进乡村振兴和农业农村现代化。特别是在这"四区"建设中，我们已经做了一些探索。比如农产品优势区，已经创建了玉树牦牛、祁连藏羊、柴达木枸杞、龙羊峡三文鱼和乌兰茶卡羊，在优势区建设方面，下一步要深入推进。在先行区建设方面，目前已有四个县，湟源县、刚察县、循化县、贵德县。下一步按照国家要求，打算在黄河流域、长江流域加强建设。

二、坚持生产和谐、推进草原畜牧业转型升级

高质量发展我们现在最大的瓶颈就是资源的制约。青海省现在生态压力很大，我们在保护中发展，在发展中保护，这对于农业部门来说，职责任务很重。特别是在这几年，国家建设三江源国家公园、青海湖国家公园、昆仑山国家公园、祁连山国家公园，这几个国家公园建成以后，对农业发展的瓶颈和制约越来越严。目前农业生产用地严重不足。在这个过程中，推进高质量发展怎么做？从草原的层面要整体推进，稳量提质，重点循环，促进生态保护与农业发展有机融合。

1.开展草原畜牧业转型升级与草原保护，我们下一步要怎么做？三江源国家公园建设过程中，提出来让传统农牧业退出来，但是农民祖祖辈辈在草原上生存，让他们退出来是一个很大的课题。我们要推进以草畜平衡为原则，科学畜草，推进草原畜牧业转型升级。从去年开始，在共和县和泽库县两个县已经开展了草原畜牧业转型升级试点，每个县一年安排4000万，连续安排了5年，5年安排了2亿，要让它们在这5年中走出一条适合青海实际的草原畜牧业转型之路。下一步在玉树、果洛开展实践，在此基础上推进发展。

2.大力发展设施畜牧业，草原超载了，草畜平衡如何实现？就是要发展设施农业来提高养殖的效益，特别是这几年，重点推广装配式生态畜棚。

3.推进草畜循环发展，在海南、海西、海北，种草养畜已经成为老百姓的自觉。

三、突出产业振兴，推进一二三产融合发展

农牧产业怎么振兴？抓什么？怎么抓？习近平总书记2020年6月7日在青海视察时强调，推动高质量发展，要善于抓最具特色的产业、最具活力的企业，以特色产业培育优质企业，以企业带动产业发展，希望青海发展更多符合地方实际的特色产业，靠创新实现更好发展。2022年12月23日至24日，习近平总书记在中央农村工作会议上讲，产业振兴是乡村振兴的重中之重，要落实产业帮扶政策，做好"土特产"文章，依托农业农村特色资源，向开发农业多种赋能，挖掘乡村多元价值效益，强龙头，铺链条，兴业态。在全链条发展上怎么做，一是创建产业集群，目前创建了四个产业集群。创建一批国家和省级的现代农业产业园，培育产业化联合体，构

建以产业为点、园区为面、集群凸现的乡村产业发展格局。

四、突出科技创新，推进种业振兴

国内有些专家提出要把青海省打造成北方高地，这方面是有基础的。目前，青海省建成了国家农作物种质资源的复份库。全国仅有两个，一个是在中国农科院，另一个在青海。种质资源丰富，青海的杂交油菜制种占到全国的80%、青稞制种和马铃薯制种在全国技术上是处于领先地位。所以，推进高质量发展，青海有现实基础。

五、学习浙江的千万工程经验，建设宜居宜业的大美乡村

浙江二十年持之以恒，造就了千万个美丽乡村。其经验只有一条，就是坚持一张蓝图绘到底，一件事情拉着一件事情办，一年接着一年干，从实际出发，从本省农业农村部门的实际出发，牵头抓好四件事：深化农村人居环境的整治；促进城乡融合发展；推进农业农村绿色低碳发展；提升乡村治理效能。

六、塑造发展的新动能，走科学改革之路

现在改革已到最关键的时候，农村制度改革步入深水期。要推进农村集体产权的权力分制和权能完善，推进农村土地制度改革。从明年起，新一轮的土地承包即将开始，目前我们也在试点工作。要广泛开展面向小农的代耕、代管、代收及全程托管的社会化服务。在当前的生产发展中，社会化服务是一块短板，需发展规模经济，提升综合生产能力。

"三个最大"是青海践行习近平生态文明思想和建设美丽中国的根本宗旨，绿色发展是使命担当。立足青海实际，推进产业振兴，努力走出一条产业生态化、生态产业化，具有青海特色的生态农业强省之路，这是农业农村部门的职责，也是全省上下的共同期盼，让我们携手共进，推进农业农村现代化高质量发展，谢谢大家！

时红秀：谢谢！两位处长说了很多政府工作。我们发现，前边三位学者的研究，后边两位处长的发布，其实相互是有回应的。相当于学者做的研究，领导干部、处长们已经给了一定的回答。处长们在实践当中遇到的堵点、难点，刚才学者们的发言对我们也有一些启发。下面大家可以提问。

提问：青海省进行绿色有机农畜产品输出地布局的过程中，西宁市在绿色有机农畜产品输出地示范市应该做哪些工作？

纪辉宗：我省去年把西宁市选定为打造绿色有机农畜产品输出地的先行区。其目的何在？西宁是我们青海的省会，是我们的城市菜篮子。我们要立足西宁市的供给，在满足西宁市菜篮子的基础上，重点突出特色种植业。西宁重点要以农产品高质量发展为主，打造城郊型农牧业生产基地，重点保障我们城市的菜篮子，把西宁市的城市菜篮子做好，更多地输出我们优质的产品。

时红秀：青海在农产品，如马铃薯、青稞还有畜牧产品的输出方面，本省的消费和输往外地，有没有这些数据？

纪辉宗：有从整个农畜产品来说，牛羊肉、油菜，青稞等都是有剩余的。牛羊肉一年向省外输出20万吨。冬天蔬菜供给率只有31%。夏天市场上蔬菜的供给率也只有70%。这几年，互助、湟中、大通、共和、乐都这些地方生产的陆地蔬菜，有将近60多万吨输出到省外，这样在供给上是相互平衡的一个产业。牛奶产量自给有余，一年是40万吨，将近有21万吨输出到外面去的。禽蛋的自给率只有30%，需从省外供给，龙羊峡的三文鱼的产量是1.9万吨，占到全国三分之一，冷水鱼的养殖现在已经走在全国前列。

时红秀：青海是旅游大省，每年来青海旅游的人数、他们的来源地，国内外港澳台的这些数据有吗？

鲍延云：今年前三个季度，全省旅游总数是3900多万人，将近4000万人。旅游总收入是375亿。这已经接近疫情前三年2019年的数据了，恢复得差不多了。2019年我们全省旅游人数达到了4000万多一点，总收入达到了400亿。主要游客的客源市场在西北五省区，沿黄省份，另外扩展到6个对口支援省市。在此个基础上，抓住稳定的客源，重点争取长三角、珠三角、港澳台的游客。计划今后有针对性的进行客源市场推介，同时加大互联网有关平台的推介，引流入青。通过数字化手段，高科技方式，助力青海拓展客源市场。

以高质量发展构建
青海国际生态旅游目的地

时红秀*

一、如何完整、准确、全面贯彻新发展理念

完整准确全面贯彻新发展理念是习近平总书记的重要讲话精神。那么如何做到完整、准确、全面？归纳起来，就是"三新一高"。"三新"即新发展阶段，它是历史方位；新发展格局，这是路径选择；新发展理念，是指导原则。"一高"指高质量发展。什么叫高质量发展？符合"三新"的发展才叫高质量发展，并非仅仅强调绿色就是高质量发展，如果有绿色而没有发展怎么办？有了生态保护却没有发展老百姓的生活如何保障？这就涉及高质量发展和高水平保护的关系。高质量发展已经成为中国式现代化的根本途径，它符合我党发展理念，引领中国式现代化，靠的是新发展格局。新发展格局就是国内市场和国外市场的双循环。

第一个方面，如何完整、准确、全面贯彻新发展理念？要完整把握五大发展理念，不能单打，不能只强调一个而忽略其他。五大发展理念首先定位是发展的理念，不能光讲理念，而忽视发展，五大发展理念落脚点是发展。对于青海来说，最大的特征是生态，最大的业绩也是生态，一定要在绿色中求发展，发展出绿色产业，让绿色成为发展的助力，这就需要机制设计、技术研发和治理能力的提高。中国必须实现绿色，而且也有能力实现绿色。比如绿色产业、绿色发展催生出新产业，这个产业就是绿色的，这就是高水平保护、高质量发展拓展出的新空间。比如草原检控、气候监

---

* 时红秀，中央党校经济学教研部政府经济管理教研室主任，二级教授博士生导师。

控设施、监控网络以及监控信息发布，基于这些科学依据，我们需要什么样的消费方式和消费模式，从而让我们的生产生活方式真正转型。高质量发展在党的二十大报告里有明确谋划。新发展格局下的高质量发展在任何产业里都有具体的内容，需要全面落实，不能单打一。第二个方面，我在长期追踪高铁、大飞机等新兴装备制造业，这个中国下一步现代化工业的增长引擎是大国产业。作为大国，必须发展这样的产业，国家规模也决定了这样的产业发展。中国高铁从引进到引领全球，体现了大国优势，高铁产业本身就是绿色的。与航空、高速公路汽车比，绿色潜能巨大。中国国内的高铁网络将人口密集带全部连接起来。全球每年高铁增量的80%在中国，只有中国在大力发展高铁。大飞机也是如此，大飞机是典型的高质量发展代表，也是我们要打造的新增长引擎。因为它的带动能力强、附加值率高，只要大飞机产业能发展起来，整个工业基础和能力都能提升，它的产业链非常广泛，有横向产业链和纵向产业链，有制造商、供应商，供应商分为一级、二级、三级，一直到材料、勘探等环节，只要有一个大飞机项目，就能带动所有产业链。

二、青海省如何完整、准确、全面贯彻新发展理念

习近平总书记在2019年第12期《求是》上有一篇文章，讲的是推动形成优势互补、高质量发展的区域经济布局。这篇文章最核心的东西是承认发展动力的集聚现象，要素承载的集聚现象。原来我们的城市化发展、产业布局甚至交通布局总向大中小城市均匀发展，甚至变成平均发展。我们中国的均等不是东西部之间的均等，而是胡焕庸线以东地区的均等。胡焕庸线在腾冲、瑷珲这条线以东，国土面积占43%，生活着94%的人口，以西的面积占57%，只生活了6%的人口。这是由生态条件决定的。如果大规模的人来到西部，生态将无法承载现在三江源地区的载畜量、载人口量，所以这就涉及到未来我们的产业布局、交通布局规划。我们规划有19大城市圈，如果按照集聚现象，大概还要消失掉10个，剩下的可能就是9个城市群，这是未来发展的趋势，人口越来越集聚，虹吸效应的结果是人口要转移，而不是固化在其世世代代生活的地方。只有这样，人们才能参与现代化进程，分享国家进步的收益。青海要打造一个国际生态旅游目的地。目的地是什么概念？就是人们奔着青海去，而且是具有国际性的，不只是周边几个省的游客，而是欧洲、美国等高收入群体也将中国的青海作为旅游目的地。习近平总书记说的目的地就是这个意思。这就要考虑交通布局、高端旅游设施的建设怎么做。我的看法是，这些地方的典型特征是生态非常脆弱，继续发展带状的交通设施承载力有限。高铁、干线公路、高速公路可以建设，但是现在基本上不能再继续扩张了。建完以后，如果进出车辆较少，不仅是极大的浪费，同时对环境生态也是极大的破坏。生态足迹非常大，怎么办？发展点状的交通设施，即大飞机、低空飞机、支线飞机、通航飞机。

如果在我们广大的西部地区也建设高铁和高速公路，那么在碳排放和生态足迹方面会有一定的压力。我们要清楚我们在这方面的优势。如今，中国的大飞机已经成功，支线飞机 ARJ21-700 已经交付了 110 多架。我们下一步的通航飞机产能也具备了，目前中国的通航飞机能力水平在全球堪称一流，比如去坦桑尼亚看野生动物的时候，就会发现那里有很多小的支线飞机、通用飞机，这才是一个真正的国际旅游目的地。下一步，青海如果要打造国际生态旅游目的地，首先要优化规划，建设点状的基础设施。这样一来航空旅游、航材供应、航空维修、旅游服务、航空救援等几大产业空间就能完全释放出来。通过调整监管力度、改革航空高度管制、推进空管体制改革，将本地高端装备旅游业和高端生态旅游业的行业规划和行业标准提高到新的高度，真正让青海成为一个世界级的旅游目的地。

后　记

本书是第六届青海改革论坛暨全省党校系统智库联盟论坛实录。

党的二十大报告指出："推动经济社会发展绿色化、低碳化是实现高质量发展的关键环节。"2023年7月，习近平总书记在全国生态环境保护大会上发表重要讲话，明确了新征程上继续推进生态文明建设需要正确处理的五个重大关系，对生态文明建设提出了更高要求。其中，第一个就是正确处理高质量发展和高水平保护的关系。习近平总书记强调，"要站在人与自然和谐共生的高度谋划发展，通过高水平环境保护，不断塑造发展的新动能、新优势，着力构建绿色低碳循环经济体系，有效降低发展的资源环境代价，持续增强发展的潜力和后劲"。

为贯彻落实好习近平生态文明思想，有效发挥新型高端智库作用，为协同推进生态环境高水平保护和经济高质量发展提供智力支撑，更好服务青海改革发展大局，第六届青海改革论坛暨全省党校系统智库联盟论坛围绕"协同推进生态高水平保护和经济高质量发展"主题，邀请省内外多名专家学者和实际工作者开展广泛深入研讨交流，在深化对习近平生态文明思想认识的同时，为推动青海乃至全国生态文明建设提供了理论与实践上的智力服务。现将与会专家的发言纪实汇编成书，以资参考。

本书由青海省委党校副校长马洪波策划，青海改革发展研究院具体负责组织、整理，张彦培、苏怡承担了论坛各阶段专家的发言整理、编辑校对和统稿等工作。本书主要内容均根据录音整理而成，难免有细小差错，敬请批评指正。